KB103081

지구를
빼앗지 마!

지구를
빼앗지 마!

초판 1쇄 발행 2019년 12월 5일
초판 4쇄 발행 2022년 7월 15일

지은이 김기범

펴낸곳 오르트
전화 070-7786-6678
팩스 0303-0959-0005
이메일 oortbooks@naver.com

디자인 조윤주
표지 그림 Getty images / 게티이미지코리아

ISBN 979-11-955549-8-0 43400

지구를 빼앗지 마!

기후변화와
환경오염에 대해
생각해 볼 것들

김기범 지음

오르트

이야기를 시작하며

지구를, 그리고 미래를 빼앗지 마!

어린이와 청소년들에게 미안해

필자가 "지구를 빼앗지 마!"라는 문장에 처음 '꽂힌' 때는 2014년 11월 23일이다. 충남 서천 국립생태원에 방문한 제인 구달 여사의 강연을 들은 뒤 인터뷰를 할 때였다. 세계적으로 유명한 생태 연구자이자 '침팬지의 어머니'로 통하는 구달 여사는 그날 "사람들은 흔히 '지구는 어린이와 청소년들에게 빌려 쓰는 것'이라고 말한다. 하지만 어른들은 어린이와 청소년들의 지구를 빼앗고 있다"고 말했다. 어른들이 환경을 파괴하고, 기후변화를 일으킨 덕분에 미래의 주역으로서 지구에서 살아가야 할 어린이와 청소년들은 어른들만큼 삶을 즐길 기회를 누리지 못하고, 힘든 삶을 살아야 할 수도 있다는 이야기였다.

이 문장을 처음 머리에 떠올린 지 5년이 지난 2019년 현재, 지구는 점점 더 어린이와 청소년들에게 미안한 상태로 변하고 있다. 인류의 영향으로 기후변화가 진행되고 있다는 것이 많은 연구를 통해 확인되었고, 기후변화라는 말 대신 기후위기라는 용어를 사용해야 한다는 등 위기감을 느끼는 이들도 많아졌다.

인류의 멸종을 막자

2019년 4월, 멀리 영국에서는 '멸종저항(Extinction Rebellion)'이라는 이름의 단체가 런던 시내 주요 시설에서 점거 시위를 벌이면서 정부가 더 적극적으로 기후변화에 대처할 것을 요구했다. 이 단체의 대규모 시민불복종 운동 과정에서 2주 동안 1,000명 이상이 체포됐는데, 이런 활동은 기후변화에 대한 영국 사회 전체의 관심을 높이는 계기가 되었다. 덕분에 영국은 2019년 5월 1일, 의회에서 기후변화에 따른 국가 비상사태를 선포한 첫 번째 나라가 되었다. '멸종저항'이라는 명칭은 말 그대로 인류의 멸종을 막자는 의미다. 이미 과학자들은 인류로 인해 지구상에 여섯 번째 대멸종이 일어나고 있으며, 인류 자신도 대멸종의 대상이 될 수 있음을 경고하고 있다. 지금까지 인류로 인해 멸종해 온 숱한 동식물들은 멸종에 대응할 기회도 없이 속수무책으로 사라져간 반면 인간은 저항할 기회라도 있으니 다행일지도 모른다.

멸종저항의 활동이 세계적인 주목을 받았던 것은, 영국이 전 세계에서도 기후변화에 적극 대응하는 나라로 손꼽히기 때문이다. 영국은 일찍부터 시민들의 건강을 지키기 위한 폭염 적응 대책과 기후변화 대책을 마련해 실시한 나라다. 그런 영국에서 시민들이 더욱 적극적인 대응을 주문한 것이다. 멸종저항의 활동 이후 2019년 10월까지 기후변화 비상사태를 선언한 나라는 프랑스, 캐나다를 포함해 16개 국가로 늘어났다. 지방자치단체도 800여 곳이 비상사태를 선언했다.

용기 있는 청소년들의 목소리

이와 더불어 매우 의미심장하고, 중요한 변화도 일어났다. 기후변화로 인한 최대 피해자인 청소년들이 적극적으로 목소리를 내고, 단체행동을 통해 어른들에게 보다 적극적으로 기후변화에 대응할 것을 요구하기 시작한 것이다. 이러한 행동은 스웨덴의 16세 청소년 그레타 툰베리의 등교 거부 시위에서 비롯되었다. 툰베리는 2018년 8월부터 3개월 동안 등교를 거부한 채 스웨덴 의회 앞에서 "기후를 위한 등교 거부"라고 쓰인 팻말을 들고 보다 적극적인 온실가스 배출량 감축에 나설 것을 요구하는 1인 시위를 벌였다. 이러한 소식이 전해지면서 세계 각국의 청소년들이 툰베리처럼 등교를 거부한 채 어른들이 기후변화에 더 큰 책임을 질 것을 요구하는 활동을 벌였다. 2019년 3월에는 전 세계 112개국 140만 명의 청소년들이 동맹 파업을 벌이기도 했고, 우리나라에서도 2019년 5월 24일 '기후파업'이라는 이름의 등교 거부 행사가 열린 바 있다. 이런 활동 덕분에 툰베리는 노벨평화상 후보에 올랐고, 유엔 기후행동 정상회의에 초청받아 각국 정상들 앞에서 연설을 하기도 했다. 2019년 9월 23일 미국 뉴욕 유엔본부에서 열린 이 회의에 참석하기 위해 툰베리는 태양광 패널과 수중 터빈이 설치된 보트를 타고 대서양을 건넜다. 평소 유럽 내에서 강연이나 기후행동에 참여하기 위해 다른 나라를 갈 때도 비행기 대신 기차만 이용해 왔던 툰베리다운 이동 방법이었다.

2050년, 미래를 살아갈 청소년들

청소년들의 이 같은 단체행동이 큰 의미가 있는 이유는, 앞서도 말했듯 기후변화로 인한 가장 큰 피해자가 어린이와 청소년들이기 때문이다. 이 책에서도 여러 번 언급하겠지만 과학자들은 2050년이 되면, 또

21세기 말이 되면 해수면이 얼마나 많이 상승하는지, 지구 평균 기온이 얼마만큼 올라가는지에 대해 다양한 연구 결과를 발표하고 있다. 조금씩 차이는 있지만 이들 연구가 던지는 메시지는 하나다. "지금 이대로 인류가 온실가스를 배출하면서 기후변화를 방관하면 미래의 지구는 지금보다 훨씬 살아가기 어려운 환경이 될 것"이라는 이야기다. 그런데 정치인, 기업가, 공무원, 과학자 등 기후변화에 작든 크든 원인을 제공한 기성세대들이 이야기하지 않는 것, 모른 척하는 것이 한 가지 있다. 바로 지금보다 훨씬 살기 어려운 환경에서 살아가야 하는 이들은, 기후변화에 책임이 있는 기성세대들이 아니라 바로 현재의 어린이, 청소년, 청년들을 포함한 미래세대라는 것이다.

2050년이 되면 지금 사회를 이끌고 있는 50~60대의 기성세대는 80~90대의 나이가 된다. 지금의 30~40대도 60~70대 노년이 된다. 그러나 아직 열 살이 채 되지 않은 어린이, 10대인 청소년, 20대인 청년들은 2050년에도 30~50대의 나이가 된다. 사회 각 분야에서 중추적인 역할을 함은 물론, 스스로의 행복을 위해 활기차게 활동할 수 있는 나이인 것이다. 이들은 그때쯤 지금보다 훨씬 살기 어렵게 변한 세상에 대응하면서 자신의 생존뿐 아니라 나이 든 부모, 아직 어린 자녀들의 생존까지 책임져야 할 수도 있다. 결국 지금의 기성세대와 그전 세대들이 벌인 일들의 대가를 어린이, 청소년, 청년들이 치뤄야 한다는 이야기다.

사고, 입고, 먹는 것에서 시작하자

제인 구달 여사가 말했던 내용을 다시 한번 떠올려 본다.

"어린아이들을 만날 때마다, 어른들이 자연을 망치는 것이 그들의 미래에 얼마나 많은 피해를 주고 있는가 생각합니다. 1년에 300일 넘게 지구촌 곳곳을 돌아다니면서 우리가 어떻게 자연을 해치는지 보고 있습니다. 어디를 가든 많은 이들이 '내가 어렸을 때는 이런 날씨를 본 적이 없어요' 라고 이야기합니다. 인간이 일으킨 기후변화가 자연의 생물다양성만 해치는 게 아니라 인간 자신의 삶도 망가뜨리고 있습니다. 세계를 돌아다니면서 만난 많은 젊은이들에게서 '어른들이 우리의 미래에 대해 너무 많이 타협했기 때문에 우리는 희망이 없다' 고 말하는 걸 들었습니다. 하지만 사람에게는 굴하지 않는 정신이 있고, 자연은 스스로 복원하는 힘이 있기에 나는 희망을 갖습니다. 이것이 오늘 내가 말하고 싶은 것입니다. 무엇을 사고, 입고, 먹어야 할지에 대해 생각하면 변화를 이끌어낼 수 있습니다."

구달 여사의 말처럼 기후변화에 대응하고, 인류의 멸종에 저항하기 위한 변화는 '무엇을 사고, 입고, 먹어야 할지를 생각' 하는 것에서부터 출발한다. 인류가 지금 이대로 사고, 입고, 먹었다가는 지구가 여러 개 있어도 기후위기를 벗어나기 힘들기 때문이다. 특히 우리나라처럼 지구 생태계가 공급할 수 있는 것보다 무려 3.7배에 달하는 자연자원을 소비하는 나라에 사는 사람들은 '무엇을 사고, 입고, 먹어야 할지'를 좀 더 깊이 생각해 봐야 한다.

지구 생태용량 초과의 날이 다가오고 있다

국제환경단체인 지구생태발자국네트워크가 2019년 발표한 '지구 생태용량 초과의 날(오버슛데이)'은 한 해의 3분의 2가 채 지나지도 않은 7월 29일이었다. 오버슛데이는 지구가 1년 동안 공급하는 자연자원을 인류가 다 소진하는 날을 의미하는데, 2019년 7월 30일부터 인류는 미래세대가 쓸 자연자원을 빼앗아 쓰는 것이나 다름없다는 의미이다. 마치 농부가 내년 농사를 위해 따로 저장해 놓아야 하는 씨앗까지 먹어치우는, 어리석은 행동이라 할 수 있다.

2019년의 오버슛데이인 7월 29일은 이 단체가 오버슛데이를 계산해 발표하기 시작한 1970년 이후 가장 이른 날짜였다. 그리고 현재 인류가 지구의 생태용량보다 약 1.75배 더 많은 자원을 소비하고 있다는 의미이다.

우리가 주목할 것은 우리나라의 오버슛데이가 세계 전체 평균보다 훨씬 빠르다는 것이다. 2019년 우리나라의 오버슛데이는 한 해의 3분의 1이 채 지나지도 않은 4월 10일이었다. 만약 인류 전체가 우리나라 사람들처럼 소비생활을 한다면 약 3.7개의 지구가 필요한 셈이다. 미국의 2019년 오버슛데이는 3월 15일이었고, 일본은 5월 13일, 중국은 6월 14일이었다.

우리나라는 생태발자국 측면에서도 지구 자원 소모에 책임이 큰 나라로 꼽힌다. 생태발자국이란 인간이 소비하는 자원의 양을 그 자원의 생산에 필요한 만큼의 땅 면적으로 환산한 개념인데, 우리나라의 생태발자국은 생태용량의 8배가 넘는 것으로 추정된다. 즉 한국인은 남한 면적의 8배가 넘는 크기의 땅에서 생산하는 만큼의 자원을 소비하고 있다. 이는 기후변화 문제에서 우리의 책임이 이만큼 클 뿐 아니라 이처럼 많은 자원을 소비하는 생활이 앞으로도 계속되기는 어렵다는 의미이다. 지금의 어린이와 청소년들이 기성세대가 되는 미래에도 지금처럼 풍요로운 생활을 할 수 있을 것이라는 보장은 어디에도 없다.

누군가는 우리가 이런 사실을 깨닫고 변화하려고 애써 봤자 미국이나 중국 같은 나라들 때문에 아무 의미가 없다고 말할지도 모른다. 하지만 우리가 아무것도 안 하면서 다른 나라들의 변화를 기다리는 것이야말로 그 어떤 태도보다 더 무책임한 태도가 아닐까? 무엇보다 지구를 위한 변화는 한국 사회가 지속가능한 사회로 바뀌기 위한 변화이기도 하다는 것을 먼저 생각해야 한다.

2018년 10월 우리나라에서 열린 유엔 기후변화정부간협의체 총회에서는 2030년까지 인류가 온실가스 배출량을 2010년 대비 45%로 줄여야만 한다는 내용이 발표됐다. 안타깝게도 이는 현재 우리나라를 포함한 세계 각국이 수립한 온실가스 감축 계획대로라면 절대로 달성할 수 없는 목표다. 앞으로 불과 10년 남짓 사이에 인류는 많은 것을 포기하고, 많은 것을 버리는 대전환을 이뤄 내야 하는 것이다.

2019년 11월 5일에는 전 세계의 과학자들이 기후변화 대응을 위한 긴급행동이 필요하다며 '기후비상사태'를 선언했다. 153개국 1만 1,258명의 과학자들은 국제학술지 〈바이오사이언스〉를 통해 인류가 더 이상 허비할 시간이 없으며 기후변화로 인해 지구가 비상사태에 직면해 있다고 지적했다. 이 같은 내용이 발표된 날은 미국 도널드 트럼프 대통령이 미국의 기후변화협약 탈퇴를 유엔에 공식 통보한 다음날이었다. 과학자들은 "즉시 행동하지 않으면 기후변화는 인류에 큰 고통을 줄 것"이며 "위기는 대다수 과학자들의 예상보다 훨씬 빨리, 심각하게 진행되면서 인류의 운명을 위협하고 있다"고 경고했다.

과연 인류가, 특히 우리나라를 포함한 선진국들이 미래세대를 위해 지금 누리고 있는 것을 포기하고 버릴 수 있을까? 이 문제의 답은 어쩌면 이미 나와 있다. 지금 하지 않는다면 영원히 아무것도 할 수 없게 된다. 우리는 기후위기 앞에 놓여 있지만 다행히 아직 마지막 기회를 잃어버리지는 않은 상태다.

행동해야 희망이 찾아온다

툰베리는 유엔 기후행동 정상회의에서 기성세대들에게 분노에 찬 표정으로 이렇게 말했다. "저는 이곳이 아닌 바다 건너편 학교에 있어야 했습니다. 그런데 당신들이 빈말로 내 어린 시절과 꿈을 앗아갔어요. 당신들은 우리를 실망시켰습니다. 미래세대가 당신들을 지켜보고 있습니다. 우리를 실망시킨다면 결코 용서하지 않을 것입니다." 툰베리의 일갈은 얼마 남지 않은 기회의 시간을 놓쳐서는 안 된다는 의미다. 그리고 마지막 기회를 놓치지 않기 위한 방법은 의외로 간단하다. 바로 지금 당장 행동에 나서는 것이다. 툰베리가 2018년 스웨덴 스톡홀름에서 있었던 테드 강연에서 한 말로 글을 맺는다.

"우리에게는 희망이 필요해요. 하지만 희망을 찾기보다는 행동을 해야 해요. 행동을 해야 희망이 찾아옵니다."

2019년 가을

김기범

차례

3 미세플라스틱의 역습

4 지구가 변하고 있어요

5 어떤 노력을 해야 할까요?

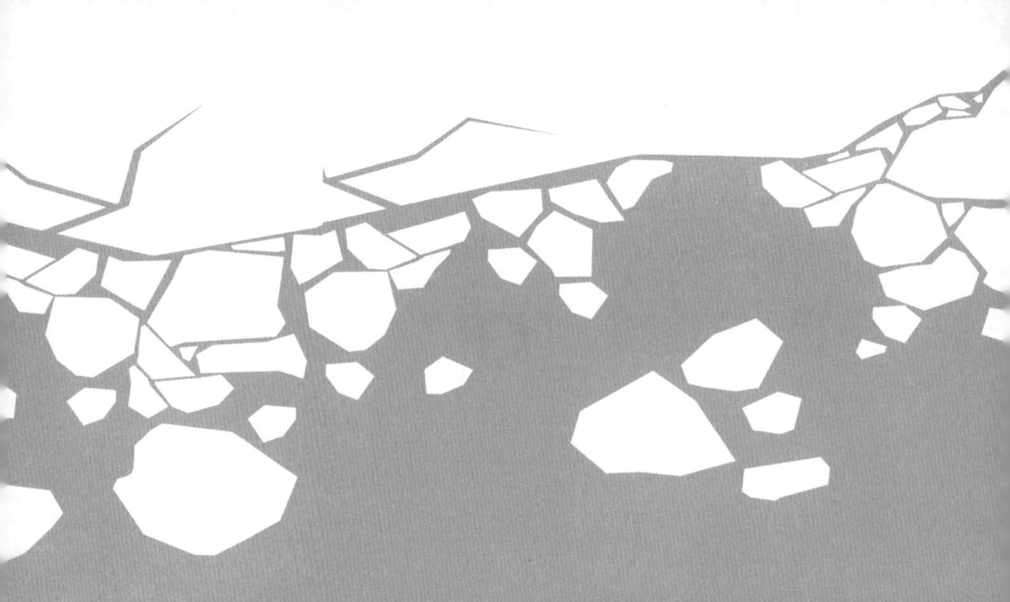

1

미세먼지, 지구가 아파요

콜록콜록
목이 아파요

생활을 바꿔 놓은 미세먼지

몇 년 전까지만 해도 미세먼지라는 말은 관련 분야의 전문가나 담당 공무원들만 알던 단어였다. 하지만 미세먼지에 관한 언론 보도가 나오기 시작한 지 얼마 되지 않아 어느새 한국인이라면 누구나 아는 단어이자 모두의 걱정거리가 되었다.

그도 그럴 것이 미세먼지는 최근 몇 년 사이 우리 삶의 모습을 바꿔 놓았다. 미세먼지에 대한 경각심이 높아지기 시작한 2013~2015년만 해도 봄철은 물론 겨울철에도 감기에 걸린 이들을 제외하고는 마스크

미세먼지로 뒤덮힌 서울 하늘.

를 일상적으로 착용한 사람을 보기 힘들었다. 그러나 2016년부터 해가 거듭될수록 미세먼지에 대한 우려가 깊어졌고, 미세먼지 농도가 높은 겨울이나 봄, 가을은 물론이고 여름까지 마스크를 일상적으로 착용하고 다니는 이들이 많아졌다. 미세먼지가 심한 날이면 어린이집, 유치

미세먼지와 초미세먼지 입자의 지름이 10㎛(마이크로미터) 이하인 오염 물질을 미세먼지라 하고, 2.5㎛ 이하인 오염 물질을 초미세먼지라 한다. 참고로 1㎛는 0.001㎝이다. 보통 눈으로 식별할 수 있는 물체의 최소 크기가 40㎛ 정도인 것을 생각하면 미세먼지와 초미세먼지가 얼마나 작은지 알 수 있다. 세계보건기구 산하 국제암연구소는 2013년 미세먼지를 1급 발암물질로 지정했다. 미세먼지와 초미세먼지의 배출원으로는 석탄화력발전소, 시멘트 · 철강산업, 경유차 등이 있다.

원, 학교 등에서는 야외활동을 최소화하고 있으며, 성인들도 운동이나 등산 등을 자제하는 경우가 많아졌다. 하루가 멀다 하고 언론에 보도되는 '우리나라의 대기질, 특히 미세먼지 농도가 선진국보다 나쁜 수준이고, 점점 악화되고 있다' 는 내용의 기사들도 이런 변화에 큰 몫을 했을 것으로 보인다.

공기가 얼마나 안 좋은 거야?

우리나라의 대기질은 대체 어느 정도나 안 좋은 걸까? 실제로 해외 기관의 연구에서도 우리나라의 대기질은 계속해서 낮은 평가를 받고 있다. 미국 예일대학교와 컬럼비아대학교 연구진은 2018년 1월 스위스에서 열린 세계경제포럼에서 전 세계 국가들의 지속가능성을 평가하는 〈환경성과지수 2018〉 보고서를 발표했는데, 이 보고서에 따르면 우리나라의 대기질 순위는 전 세계 180개 국가 중에서 119위에 불과했다. 2016년의 173위보다는 54계단 상승했지만 후진국을 면치 못하는 수준이었다. 해당 보고서에서 우리나라의 대기질 점수는 61.19점을 받았는데, 최근 10년간 우리나라가 받은 평균 점수가 67.86점이니 크게 낮아진 수치였다. 가장 높은 점수를 받은 나라는 호주와 바베이도스였고, 요르단이 3위, 캐나다가 4위로 높은 순위를 차지했다. 대기질 점수가 가장 낮은 나라는 180위인 네팔이었고, 방글라데시가 179위로 뒤를 이었다. 세계적으로도 대기질이 좋지 않기로 유명한 인도와 중국은 각각 178위와 177위를 차지했다.

우리나라는 대기질뿐 아니라 전체적인 환경 상황에 대한 평가에서도 낮은 점수를 받았다. 이 보고서에 따르면 우리나라의 종합 환경성과지수는 62.3점으로 평가 대상 180개국 중 60위를 차지했다. 2016년에 기록한 80위보다는 20계단 올라간 것이지만 점수로는 오히려 지난번의 70.61점보다 크게 낮아졌다. 순위만 올라갔을 뿐 전체적인 환경 상황은 더 악화된 셈이다. 우리나라의 최근 10년간 평균 순위가 40위였던 것을 감안하면 얼마나 상황이 악화되었는지를 짐작해 볼 수 있다. 종합점수 1위 국가는 스위스였고, 프랑스, 덴마크, 몰타, 스웨덴, 영국이 그 뒤를 이었다. 그 밖의 주요 국가로는 독일이 13위, 이탈리아 16위, 일본 20위, 캐나다 25위, 미국 27위 등이었으며, 중국은 120위, 인도는 177위에 머물렀다. 최하위인 180위는 브룬디가 차지했으며, 방글라데시가 179위, 콩고민주공화국이 178위로 나타났다.

환경성과지수(EPI, Environmental Performance Index) 대기질, 수질, 중금속, 생물다양성, 어업, 기후와 에너지, 공해, 수자원, 농업 등 10개 분야에서 24개 항목을 수치화해 국가별 지속가능성을 평가하는 지표다. 예일대학교와 컬럼비아대학교 공동연구진이 2년마다 세계경제포럼에서 발표하고 있다.

그런데 실제 오염 물질 농도 통계를 보면 이상한 점을 확인할 수 있다. 통계에 따르면 2010년대 우리나라의 대기질은 1980~1990년대에 비해 크게 좋아진 상태다.

서울의 연도별 총먼지 평균 농도 통계를 보면 아시안게임이 열린 1986년에는 183㎍/㎥, 올림픽이 열린 1988년에는 179㎍/㎥을 기록했는데, 점차 수치가 낮아져 1994년에는 78㎍/㎥으로 개선된 부분이 눈에 띈다. 당시 우리나라에는 지금과 같은 '미세먼지'의 개념이 도입되어 있지 않았고, 미세먼지와 초미세먼지 등의 오염 물질을 '총먼지'로 통칭했었다. 우리나라에서 제대로 미세먼지 농도를 측정하기 시작한 것은 1995년인데, 2002년 76㎍/㎥이라는 가장 높은 수치를 기록한 뒤 꾸준히 낮아졌다. 2012년부터 2017년 사이 우리나라의 미세먼지 연평균 농도는 계속 40㎍/㎥ 정도로 유지되고 있다.

사실 전문가들에 따르면 1980~1990년대 우리나라의 대기 상황은 지금의 중국보다도 나쁜 수준이었다. 30년 넘게 미세먼지 관련 연구를 해온 아주대학교 장재연 교수는 2019년 펴낸 책, <공기 파는 사회에 반대한다>에서 "1980년대에 우리나라 주요 도시들은 세계 최고 수준으로 대기 오염이 극심했고, 1988년에는 서울 올림픽이 열리는 동안 대기 오염 수준을 어떻게 문제없이 유지할지가 초미의 관심사였다"고 설명했

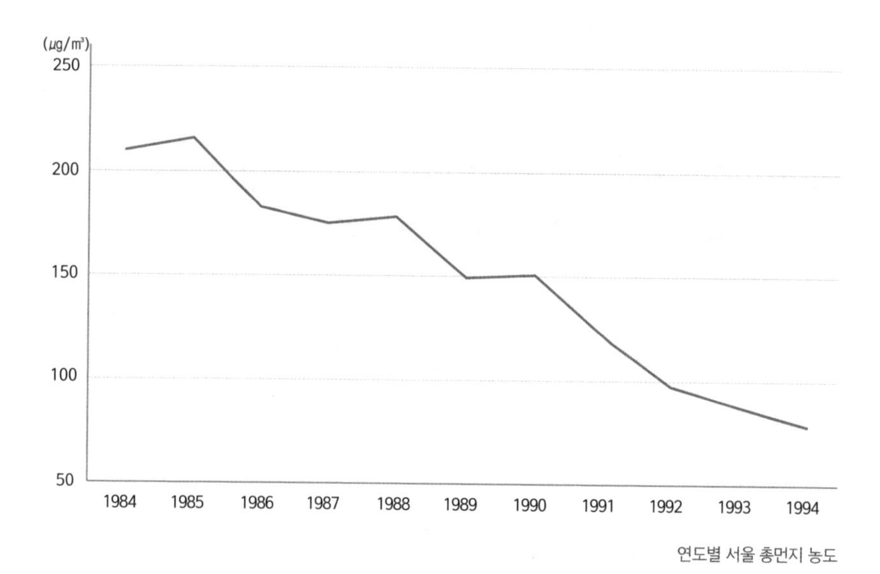

연도별 서울 총먼지 농도

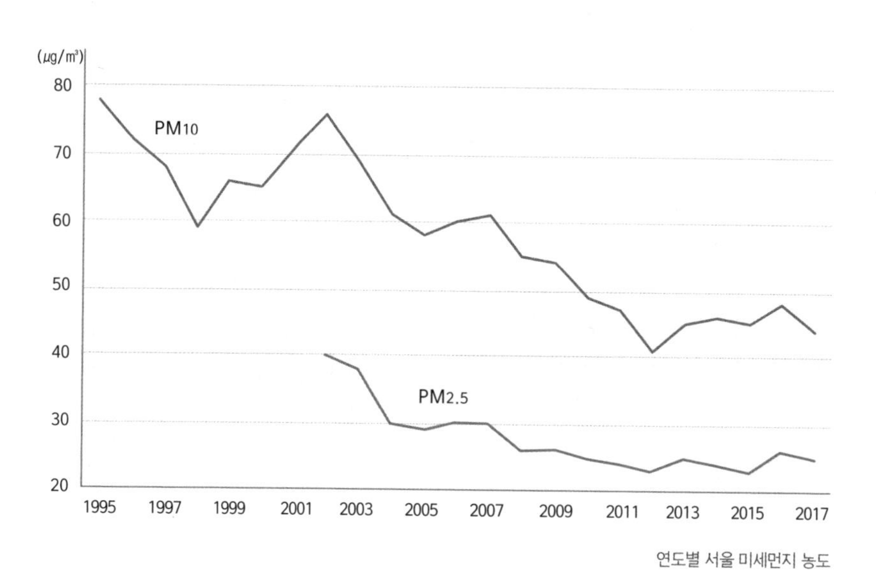

연도별 서울 미세먼지 농도

다. 지금 30대 이상인 사람들은 1980년대 후반부터 언론에 꾸준히 오르내렸던 산성비라는 단어가 어느 순간부터 기억 저편으로 사라졌다는 것을 기억할 것이다. 1980~1990년대 우리나라는 비를 맞는 것을 겁내야 할 정도로 대기 오염이 심각했던 것이 사실이다.

전국을 뒤덮은 고농도 미세먼지

그렇다면 우리나라 사람들은 왜 미세먼지 농도가 계속해서 높아지며, 대기질이 최악이라고 생각하게 됐을까? 가장 큰 영향을 미친 것은 당연하게도 중국발 미세먼지와 국내 미세먼지가 겹치면서 이전에 볼 수 없었던 고농도 미세먼지 현상이 발생한 것이다. 연평균으로 치면 예전보다 많이 개선되거나 큰 차이가 없을 수도 있지만, 사나흘 정도 수도권이나 전국을 뒤덮는 고농도 미세먼지는 큰 충격을 안겨 주었다.

산성비 비에는 원래 자연에서 발생한 이산화탄소(CO_2)가 포함되기 때문에 pH 5.6 정도의 약산성을 띤다. 그러나 대기 오염이 심한 지역에서는 공기 중의 황산화물, 질소산화물 등으로 인해 pH가 5.6 이하로 낮아져 산성을 띠게 된다. 산성비는 가정, 자동차, 공장 등에서 사용하는 화석연료로 인해 발생하는 경우가 많고, 화산 폭발이나 산불 등으로 인해 자연적으로 발생하기도 한다. 산성비가 내리게 되면 토양이 산성화되면서 산림이 파괴되고, 호수나 강물 등에 사는 어패류가 감소하는 등의 생태계 파괴가 일어날 수 있다. 뿐만 아니라 건물, 다리 등 인공구조물의 부식을 가속하는 피해도 일어날 수 있다.

또한 미세먼지에 대한 보도와 학술 발표가 늘어나면서 시민들이 미세먼지에 대해 경각심을 느끼게 된 것을 들 수 있다. '미세먼지'라는 용어조차도 생소했던 2012~2013년 이전과는 달리 현재는 유치원생조차도 미세먼지라는 단어는 물론이고, 건강에 좋지 않다는 것을 알고 있다. 국내 요인뿐 아니라 중국발 미세먼지가 40%가량을 차지한다는 보도가 잇따르고 있는 것도 고농도 미세먼지에 대한 울분을 키우는 요소다. 중국에 대한 분노가 크지만 어찌할 방도가 없는 상황이기 때문이다.

게다가 유럽이나 미국, 일본 등 선진국의 미세먼지 농도는 우리나라의 절반에도 미치지 않는다는 점도 시민들의 불만을 키우는 중요한 요소다. 이들 나라에 여행을 가서 하루만 지내 보아도 우리나라와 대기질이 확연히 다르다는 것이 느껴진다. 자연스럽게 '왜 우리나라만 미세먼지 농도가 이렇게 높을까?'라는 의문이 든다.

강력한 정책과 시민들의 동참이 필요해요

이러한 미세먼지 문제 해결에 있어 전문가나 관계 공무원들은 정부의 강력한 정책 의지와 시민들의 동참이 무엇보다 큰 해법이 될 수 있다는 의견을 제시하고 있다. 1980~1990년대보다 지금의 대기질이 훨씬 나아졌다는 것은 그만큼 큰 노력을 기울여 오염 물질을 줄였다는 뜻이기 때문이다. 실제 당시 정부와 지자체 등은 엄청난 매연을 뿜어내던 경유 버스를 모두 천연가스 버스로 바꾸는 등 강력한 대기 오염 개선 정책을 펼쳤다. 전문가들은 현재 상황에서 과거의 이러한 노력을 돌아보며 서울 시내 전체에 경유차 운행을 금지하는 수준의 정책 정도는 나와야 비슷한 강도로 느껴질 것이라고 평가한다. 그만큼 획기적이고, 다른 측면으로는 무모한 정책이었던 것이다. 지금 미세먼지 관련 정책을 입안하는 이들이, 그리고 이들에게 근거를 제공하는 과학자들이 과거로부터 배워야 할 부분일 것이다.

미세먼지가 기후변화 때문이라고?

기후변화와 미세먼지

우리나라의 미세먼지가 심각한 문제로 떠오르게 된 데에는 기후변화도 큰 영향을 미쳤다. 기후변화와 미세먼지. 언뜻 생각하면 별로 관련성이 없어 보이는 두 현상은 모두 인류의 활동이 원인이라는 공통점이 있다. 동시에 인류 대부분에게 큰 악영향을 끼치지만 단시간 내에 해결이 불가능한 문제이기도 하다.

특히 우리나라 미세먼지의 주요 원인으로 거론되는 중국발 미세먼지는 물론이고 국내에서 발생하는 미세먼지 역시 기후변화의 영향을 받는

스모그가 낀 중국 베이징의 모습.

다는 연구 결과들이 나오고 있다. 우리나라 기상청이 1981년부터 현재까지 약 40년간 공기 흐름이 어떻게 바뀌었는지 비교한 결과, 북극 지역의 온난화 현상으로 인해 북극에 묶여 있던 찬 공기가 중위도 지역까지 내려오게 되었고, 이에 따라 겨울철 우리나라로 불어오는 북서기류가 강해진 것으로 나타났다. 그 과정에서 중국이나 몽골처럼 대기 오염이 심각한 나라들로부터 황사나 미세먼지가 유입될 가능성도 커졌다. 북극에서 내려오는 찬 공기가 겨울철 강추위의 원인이 되는 동시에 대륙에서 미세먼지를 싣고 오는 역할까지 하는 것이다. 한반도 남서쪽에서 불어오는 바람도 예전보다 잦아졌는데, 두 현상이 맞물릴 경우 우리나라

상공에 유입된 미세먼지는 정체된 채 장기간 머물게 된다.

중국에서 날아오는 미세먼지

우리나라 사람들 대다수는 중국에서 미세먼지가 날아온다고 생각한다. 실제로 중국에서 넘어오는 오염 물질들은 국내에 큰 영향을 미치고 있다. 미세먼지 농도가 크게 올라가는 겨울철과 봄철, 특히 고농도 미세먼지 현상이 일어날 때는 중국발 오염 물질의 영향이 70~80%에 달한다는 연구 결과도 나와 있다. 평상시에도 한반도가 중국발 미세먼지의 영향에서 완전히 벗어나기는 어려운 것이 사실이다.

그런데 중국의 산업화가 2010년대에만 급격하게 이뤄진 것도 아닌데, 왜 중국발 미세먼지로 인한 대기 오염은 2010년대 들어 빈번하게 일어나고 있는 것일까? 이 질문에 대한 설명 가운데 하나가 바로 앞서 언급한 기후변화의 영향이다. 북서쪽, 즉 중국과 몽골 등 대기 오염이 심한 나라에서 오염 물질이 날아오는 데다, 남서쪽에서 불어오는 바람마저 잦아지면서 우리나라로 유입된 미세먼지가 동해 방향으로 빠져나가지 못하고 한반도에 정체되는 것이다. 이런 상황이다 보니 미세먼지와 관련해 전문가들이 가장 크게 신경 쓰는 기상현상이 바로 대기 정체다. 미세먼지 농도가 높아질 때 환경부와 기상청의 예보 내용을 보면 이 '대

베이징은 세계적으로도 대기 오염이 극심한 도시로 손꼽힌다.

기 정체' 라는 말이 거의 빠지지 않고 등장하곤 한다.

만약 외부에서 미세먼지가 다량으로 한반도에 유입되어도 한반도 외부, 즉 동해로 빠져나가는 공기 흐름이 원활하다면 미세먼지 농도는 잠시 올라갔다가 금방 낮아질 가능성도 있다. 하지만 공기 흐름이 원활하지 못한 상태에서 오염 물질이 외부에서 유입되기만 한다면 자연스레

대기 정체 공기가 원활히 움직이지 않고 한정된 범위에서만 머무는 현상을 말한다. 대기는 기온과 기압의 차이에 의해 움직이는데, 온난화 현상으로 인해 극지방의 온도가 올라가면서 적도 부근과의 온도차가 줄어들어 대기 정체 현상이 전 지구적으로 일어난다.

미세먼지 농도는 크게 올라간 채로 장기간 유지될 수밖에 없다.

실제 서울의 평균 풍속은 2009년 이후 2015년까지 2.4~2.8m/s 사이를 오르내렸지만 2016년 2.3m/s, 2017년 2.2m/s, 2018년 1.7m/s로 감소 추세를 보이고 있다. 특히 미세먼지 농도가 높아지는 날의 풍속은 평균 1m/s를 넘어서지 못하는 경우도 많다.

우리나라의 지형이 미세먼지 피해를 키운다고?

공기의 흐름뿐 아니라 지형 역시 오염 물질이 정체되어 쌓이는 것에 영향을 미친다. 예를 들어 태백산맥으로 가로막힌 강원도 원주의 경우 서울이나 인천보다 연평균 미세먼지 농도가 더 높다는 연구 결과도 나와 있다.

국책연구기관인 한국환경정책·평가연구원이 2016년 발표한 <최근 미세먼지 농도 현황에 대한 다각적 분석> 보고서에 따르면 2015년 상반기 서울의 평균 미세먼지(PM10) 농도는 53.3㎍/㎥인 반면, 원주의 평균 농도는 68.9㎍/㎥으로 서울의 1.3배에 달했다. 같은 기간 미세먼지 농도가 80㎍/㎥을 기록한 날짜 수와 황사가 발생한 날짜 수도 서울이 21일을 기록한 반면 원주는 46일을 기록했다. 원주 시민들은 서울보다 두 배 넘는 기간 동안 고농도 미세먼지에 시달린 것이다. 중국과의 거리가 서

	서울	원주
면적(㎢)	605	867
인구밀도(명/㎢)	16,514	387
자동차 등록대수 밀도(대/㎢)	5,009	165
PM_{10} 배출량(톤)	1,735	566
2015년 상반기 PM_{10} 농도 (2015년 1~6월 평균, ㎍/㎥)	53.3	68.9
2015년 상반기 PM_{10} 고농도(80㎍/㎥ 이상) 사례일 및 황사일수(일)	21	46

울보다 멀 뿐 아니라, 교통량도 현저히 적은 원주의 오염도가 서울보다 높게 나타난 이유가 바로 지형 때문이었다. 한국환경정책·평가연구원은 이를 두고, "태백산맥의 고도가 미세먼지 확산과 이동에 영향을 미치는 대기혼합층의 고도보다 높아 산맥 서쪽 지역에 대기 흐름의 정체를 유발하고, 이로 인해 대기 오염 물질 배출원이 많지 않은 원주의 대기질이 서울보다 나쁜 것으로 추정된다"고 설명했다.

이 책의 말미에서 설명할 몽골의 수도 울란바토르나 독일에서 가장 미세먼지가 많은 곳으로 알려진 슈투트가르트 역시 분지 지형이다 보니 오염 물질이 축적되기는 쉽고, 밖으로 빠져나가기는 어려워 대기 오염이 심해진 경우이다.

서울의 미세먼지 농도 증가도 공기 흐름 때문

1980년대 이후 계속해서 낮아져가던 서울의 미세먼지 농도가 2010년대 들어 올라가기 시작한 것에도 공기 흐름이 큰 영향을 미쳤다. 서울 지역의 평균 풍속이 낮아지면서 미세먼지가 외부로 빠져나가기 어려워진 것이다.

미국 해양대기청과 메릴랜드대학교, 서울대학교 등 국제공동연구진은 2004년부터 2015년까지 12년 동안 우리나라의 지역별 미세먼지 농도와 풍속이 어떤 관계가 있는지에 대해 연구를 진행했다. 그 결과 풍속이 평균보다 높으면 미세먼지 농도는 평균보다 낮아지고, 풍속이 평균보다 낮으면 미세먼지 농도는 평균보다 높아졌다는 사실을 밝혀냈다. 즉 바람이 세게 불면 미세먼지가 흩어지거나 한반도 외부로 이동하고, 바람이 약하게 불면 미세먼지가 정체되는 것이다.

이처럼 풍속이 미세먼지에 영향을 미치는 일은 우리나라에서만 일어나는 것이 아니다. 중국에서도 기후변화로 인해 오염 물질을 날려주던 바람이 줄어들면서 미세먼지가 정체되는 현상이 늘어났다는 연구 결과가 나온 바 있다. 미국 조지아공과대학교의 지구대기과학연구소는 2017년 3월 국제학술지 〈사이언스어드밴스〉에 게재한 논문에서, 최악의 스모그가 덮쳤던 2013년 1월 베이징의 기후를 분석해 보니 최근 30년 사이 바람이 가장 적게 불었다고 밝혔다. 베이징은 겨울에 북서쪽에서 불어오는 계절풍이 오염 물질을 서해로 날려보내는데, 시베리아 쪽의 기압이 낮아지면서 바람이 적게 불어 대기가 정체되었고, 미세먼지 농도도 올라간 것이다. 같은 해 중국 난징대학교 연구진이 〈네이처〉에 발표한 논문에도 베이징에 부는 바람이 예년보다 줄어들었다는 내용이 포함돼 있다.

이처럼 미세먼지의 원인이 기후변화라는 점은, 기후변화에 대응하는 것이 곧 미세먼지에 대응하는 것이라는 이야기도 된다. 특히 기후변화와 미세먼지의 공통 원인이 화석연료에 있다는 점에 주목할 필요가 있다. 화석연료로 인해 발생하는 온실가스가 기후변화의 주범인 것처럼 미세먼지도 화력발전이나 자동차 등 화석연료를 사용하는 시설과 기계에서 나오는 것이 많기 때문이다. 재생에너지 사용을 확대해 석탄화력발전소를 줄이려는 노력이 곧 미세먼지 감축으로도 연결되는 셈이다. 온실가스 감축을 위해 전기차 보급을 확대하는 것 역시 미세먼지를 줄이는 데 크게 기여할 것으로 예상된다.

석탄화력발전을 줄이고 천연가스와 재생에너지 사용을 늘릴 경우 전기요금이 오를 수 있다고 걱정하는 이들도 있다. 그러나 건강에 대한 악

온실가스 온실효과를 통해 기후변화를 일으키는 대기 중 물질. 이산화탄소, 메탄, 아산화질소, 수소불화탄소, 과불화탄소, 육불화황 등 6가지의 주요 온실가스가 기후변화의 주된 원인으로 꼽힌다. 이 가운데 인간 활동 때문에 대기 중 농도가 빠르게 증가하고 있는 대표적 온실가스가 이산화탄소이다.

석탄화력발전소는 미세먼지의 주요 원인으로 꼽히고 있다.

영향으로 인해 드는 치료 비용이나 사망률이 높아지는 것과 비교하면 어느 쪽이 나은지는 고민할 필요도 없을 것이다. 재생에너지를 통한 전력 생산 효율이 매우 빠르게 높아지고 있기 때문에 전기요금에는 큰 영향을 미치지 않을 수도 있다는 점 역시 고려해야 한다.

오존도 영향이 있다

기후변화와 관계가 깊은 오염 물질은 사실 미세먼지만이 아니다. 최근 발생 빈도가 빠르게 높아지고 있는 오존 역시 기온 상승과 관련이 있다. 주로 여름철 기온이 높은 날 농도가 올라가는 오존은 주로 질소산화물과 탄화수소가 자외선과 만나 광화학 반응을 일으켜 생성되는데, 자동차, 화학공정, 석유정제, 도로포장, 도장 산업, 세탁소, 주유소 등에서 주로 배출된다. 지상 20~25㎞ 상공 성층권의 오존은 자외선을 차단해 지구 생태계 전체를 보호하는 역할을 하지만, 지표 부근의 오존은 우리에게 피해를 입힌다. 높은 농도의 오존에 노출되면 호흡기와 눈이 자극을 받아 염증이 생기고, 호흡 장애와 시력 저하 현상이 일어날 수 있다. 뿐만 아니라 만성호흡기질환, 폐활량 감소, 생체 면역능력 감소 등을 유발하며 중추신경계에 영향을 미쳐 두통 등의 신경계통 증상이 나타날 수 있다. 특히 호흡기질환자, 노약자, 어린이 등에게 미치는 영향이 크고, 농작물과 식물의 수확량도 감소시킬 수 있다.

기후변화의 주범인 온실가스와 미세먼지, 오존 등의 배출원이 모두 비슷하다는 것은, 조금만 노력을 기울인다면 한 번에 많은 효과를 거둘 수도 있다는 이야기가 된다. 온실가스를 줄이는 것과 대기 오염을 해소하는 것이 별개의 문제가 아니며, 대책만 잘 세우면 일석이조, 일석삼조가 될 수도 있다. 아직은 정부, 지자체, 시민사회 모두가 이들 오염 물질에 제각각 대처하고 있는 상황이지만 앞으로는 종합적인 대책이 마련되고 실행될 것을 기대해 본다.

미세먼지를 줄이는 방법은?

미세먼지를 줄이는 가장 근본적인 방법은 배출원, 즉 미세먼지와 미세먼지의 원인물질을 뿜어내는 시설, 기계 등의 가동을 중단하는 것이다. 그러나 미세먼지를 다량으로 뿜어내는 시설이나 기계라고 해서 제철소, 시멘트 업체, 건설현장, 자동차 등의 가동을 완전히 중지시키는 것은 현대사회에서는 불가능한 일이다. 철강이나 시멘트, 자동차는 현대사회를 유지하는 기본 요소나 다름없기 때문이다. 그렇다면 차선책은 미세먼지 저감시설을 확충하고, 자동차의 이용을 줄이는 대신 대중교통 이용을 활성화하는 방법이 있을 수 있다. 그래서 전문가들은 미세먼지 감축에는 이른바 십시일반(十匙一飯) 식의 정책이 필요하다고 지적한다. 열 사람이 한 숟갈씩 밥을 보태면 한 사람이 먹을 만큼의 양이 된다는 사자성어처럼, 작은 실천이라도 좋으니 미세먼지와 관련된 모든 분야에서 동시다발적으로 노력해야 한다.

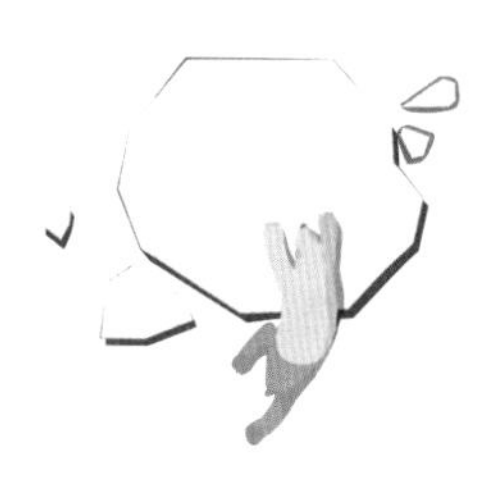

오래 살려면
미세먼지를 줄여라!

초미세먼지가 수명을 단축한다

최근 몇 년 사이 미세먼지에 관한 이야기가 많아지면서 초미세먼지가 여러 건강 문제의 원인이 된다는 것을 많은 사람들이 알게 되었다. 그런데 전문가들은 초미세먼지의 위험이 생각보다 심각해서 폐나 호흡기뿐만 아니라 심장질환이나 뇌졸중 등은 물론이고 태아와 신생아들의 건강에까지 영향을 미친다고 이야기한다. 초미세먼지가 인류의 평균 수명을 얼마나 단축하는지, 다른 요인과 비교해 얼마나 더 위험한지를 구체적으로 보여 주는 연구 결과도 속속 발표되고 있다.

미국 텍사스대학교의 연구진은 세계 185개국의 대기 오염 상황이 해당 국가 사람들의 수명에 미치는 영향을 분석했다. 연구진에 따르면 2016년 기준 초미세먼지(PM2.5)로 인해 전 세계 인류의 기대수명은 평균 1.03년가량 단축되는 것으로 나타났다. 특히 대체로 후진국일수록 기대수명이 크게 단축됐고, 선진국일수록 기대수명의 단축 폭이 작았다. 대기 오염이 후진국에 더 큰 영향을 미치며 전 지구적인 불평등 현상을 일으키고 있음을 알 수 있는 대목이다.

폐암보다 무서운 초미세먼지

텍사스대학교 연구진의 연구 결과에 따르면 우리나라 사람들의 기대수명은 초미세먼지로 인해 약 0.49년 단축되는 것으로 나타났다. 평균적으로 한 사람당 약 반년 정도의 수명을 손해 보고 있는 셈이다.

북한의 경우 단축되는 기대수명이 1.23년에 달했다. 우리의 두 배가 넘는 수치인데, 2016년 기준으로 우리나라의 연평균 초미세먼지 농도는 28.1㎍/㎥이고 북한은 29.7㎍/㎥이었다. 연평균 초미세먼지 농도가

기대수명 지금 막 태어난 아기가 몇 살까지 살 수 있을지 기대하는 평균 나이를 말한다. 예를 들어 2019년의 기대수명이 85세라는 것은 2019년에 태어난 아기들의 평균 수명을 85세로 예측할 수 있다는 의미이다. 단, 자살이나 사고로 인해 사망한 경우는 제외된다는 점에서 평균수명과 구분된다.

국가명	연평균 초미세먼지 농도(㎍/㎥)	초미세먼지로 인해 줄어드는 기대수명(년)
스웨덴	5.1	0.13
뉴질랜드	5.4	0.16
호주	6.0	0.18
핀란드	6.1	0.21
프랑스	11.6	0.28
일본	12.9	0.33
미국	9.0	0.38
독일	13.2	0.39
대한민국	28.1	0.49
대만	28.9	0.61
베트남	25.3	0.75
필리핀	22.5	0.91
북한	29.7	1.23
중국	55.2	1.25
인도	74.1	1.53
방글라데시	98.6	1.87

주요 국가의 초미세먼지 농도와 그로 인해 줄어드는 기대수명.

55.2㎍/㎥인 중국은 초미세먼지로 인해 줄어드는 기대수명이 1.25년에 달한 반면, 초미세먼지 농도가 12.9㎍/㎥인 일본은 기대수명이 0.33년 줄어드는 것으로 나타났다. 연평균 초미세먼지 농도가 5.1㎍/㎥에 불과한 스웨덴은 조사 대상 국가 중 가장 적은 0.13년의 기대수명만 단축되는 것으로 나타났고, 세계 평균 미세먼지 농도인 47.9㎍/㎥의 두 배가 넘는 98.6㎍/㎥의 미세먼지 농도를 기록한 동남아시아의 빈국 방글라데시는 무려 1.87년이나 기대수명이 단축되는 것으로 나타나 꼴찌를

기록했다.

기대수명이 반년이나 1년 정도 줄어든다는 수치만 보면 대수롭지 않게 여기는 이들도 있을 것이다. 하지만 인간의 건강에 악영향을 주는 다른 요인들과 비교해 보면 그 위험성이 얼마나 높은지 짐작할 수 있다. 특히 인간의 다양한 사망 요인 중 큰 비중을 차지하지만 아직 인류가 정복하지 못한 암 전체가 단축시키는 기대수명은 약 2.37년이다. 암 가운데서도 사망원인 순위가 높은 폐암은 0.41년이고, 여성들의 건강을 위협하는 유방암은 0.14년이다. 또 세계적으로 많은 흡연자들의 건강을 위협하는 담배로 인해 단축되는 기대수명은 약 1.82년이다. 단순 비교하면 초미세먼지의 건강 악영향은 폐암보다도 크다고 볼 수 있는 셈이다.

수명이 1~2년 짧아지는 정도면 별 문제가 아니라는 생각이 들 수도 있다. 하지만 만약 본인이나 가족이 미세먼지로 인해 병원에 입원하고, 또 목숨이 경각에 달리게 된다면 어떤 생각이 들까? 심각한 대기 오염을 방치한 정부와 기업, 그리고 그들의 행태를 묵인한 자신이 원망스러워지지 않을까?

이 연구를 이끈 텍사스대학교 조슈아 압트 교수는 "연구 결과 초미세먼지 농도를 낮추는 것은 폐암, 유방암의 치료법을 찾아내는 것 이상의 효과를 인류에게 줄 것"이라며 "전력을 청정에너지로 생산하고, 자동차의 효율을 높이는 것" 등이 필요하다고 지적했다.

그렇다면 반대로 초미세먼지 농도를 줄인다면 인류의 수명은 얼마나 늘어날까? 연구진은 초미세먼지 농도를 세계보건기구(WHO) 기준인 연평균 10㎍/㎥으로 낮출 경우 인류 전체의 기대수명은 약 0.6년 늘어날 것이라는 결과를 내놓았다. 우리나라의 경우 초미세먼지 농도를 WHO 기준에 맞출 경우 기대수명이 0.24년 늘어나고, 북한은 0.6년, 중국은 0.76년 늘어날 것으로 추산됐다.

우리가 흔히 세계 최악의 대기 오염 도시로 꼽는 인도나 중국 외에도 동남아시아나 아프리카의 저개발국, 개발도상국 대도시들은 경제 성장 과정에서 대부분 심각한 대기 오염을 겪고 있다. 초미세먼지 농도를 줄이는 것은 대기 오염이 심각한 국가에서 보건 정책의 핵심이 될 가능성이 높은 상황이다. 연구진은 특히 대기 오염이 심각한 인도, 중국 등은 초미세먼지 농도를 WHO 기준까지 낮출 경우 현재 60세 이상인 사람이 85세 이상 생존할 가능성이 15~20%가량 더 높아질 것으로 내다봤다.

어른보다 어린이가 더 위험해요

이처럼 과학자들은 미세먼지가 인류 전체의 수명에 영향을 미치는 요소임을 밝혀내고 있다. 그런데 더욱 주목할 부분은 어른보다 어린이, 건강한 사람보다 노약자에게 미세먼지가 더 큰 악영향을 끼친다는 점이다. 최근 연구 결과들에 따르면 아기를 임신하고 있거나 태어난 지 얼마

안 된 아기를 키우는 이들, 어린이를 기르는 가정에서는 미세먼지를 포함해 대기를 오염시키는 물질들을 더욱 조심해야 할 필요가 있다.

미국 콜롬비아대학교 메일맨공중보건대학원의 연구진은 중국 충칭시 퉁량현에서 태어난 신생아 255명의 유전자를 분석하는 연구를 진행했다. 퉁량현은 극심한 대기 오염으로 인해 2004년 5월 중국 정부가 화력발전소를 폐쇄한 곳으로, 조사 대상 아기들은 해당 지역에서 가동됐던 석탄화력발전소의 폐쇄 전후에 태어난 아이들이었다. 분석 결과는 충격적이었다. 발전소가 폐쇄되기 전 출생한 아기의 텔로미어 길이가 폐쇄 후 태어난 아기보다 짧은 것으로 나타났기 때문이다. 극심한 대기 오염은 인체에 영향을 끼칠 뿐 아니라 갓 태어난 아이, 심지어 태아의 수명에까지 영향을 끼치는 것이다.

연구진은 석탄화력발전소 폐쇄 전에 태어난 아기들의 경우, 발전소가 내뿜은 유독성 오염 물질 중 다환방향족탄화수소(PAH)에 노출됐을 때 나타나는 바이오마커가 높았고, 그 결과 텔로미어 길이가 짧아졌다고 설명했다. 반대로 발전소 폐쇄 이후 태어난 아기들의 텔로미어 길이

텔로미어 세포 속 염색체의 끝부분이 풀어지지 않도록 감싸고 있는 유전자 조각을 말한다. 텔로미어는 세포가 분열할 때마다 조금씩 길이가 짧아지는데, 일정 길이 이하가 되면 더 이상 세포 분열을 하지 못하게 된다. 세포 분열이 더 이상 이뤄지지 않으면 노화가 찾아오고 죽음과도 직결되는 문제기 때문에 텔로미어를 '수명 시계', '노화타이머'라고도 부른다.

바이오마커 우리 몸속의 유전자(DNA), 단백질, 대사물질 등을 측정해 변화를 알아낼 수 있는 지표를 말한다. 암을 비롯한 여러 난치병을 진단하기 위한 효과적 방식으로 주목받고 있다.

충남 당진의 제철소 모습. 당진에는 석탄화력발전소와 제철소 등 오염 물질을 배출하는 시설이 밀집되어 있다.

는 발전소 폐쇄 전에 태어난 아기들보다 길어진 것으로 나타났다. 메일맨공중보건대학원은 이전 연구에서도 이 지역의 화력발전소가 폐쇄된 이후 태어난 신생아들은 PAH에 노출된 정도가 상대적으로 낮으며, 인지발달에 관련된 물질의 평균 수치가 높다는 사실을 밝혀낸 바 있다. 연구에 참여한 프레더리카 페레라 교수는 “이번 연구는 석탄화력발전소의 폐쇄가 해당 지역 신생아 건강에 유익하고, 성인이 되어서도 삶의 질을 높인다는 증거”라며 “어떤 지역에서든 어린이가 대기 오염에 덜 노출되도록 하는 것이 건강에 유익하다”라고 설명했다.

석탄화력발전소 문제는 중국만의 이야기가 아니다. 우리나라의 경우에도 충남 서해안이나 인천 주변, 동해안 등에는 거대한 석탄화력발전소가 운영되고 있다. 특히 충남 당진 같은 경우는 석탄화력발전소와 거대한 제철소 등으로 인해 주민들이 고통을 호소하는 대표적인 지역이다. 이 지역의 석탄화력발전소에서 생산하는 전기는 대부분 주변의 대도시로 보내지는데, 이는 에너지와 대기 오염을 둘러싼 불평등이 심각하다는 것을 잘 드러내 보여 주는 사례이기도 하다. 우리나라에서도 노후한 석탄화력발전소를 폐쇄하자는 주장과 경제성을 따지며 계속 가동하자는 주장이 팽팽히 맞서고 있는데, 경제성을 이야기하는 쪽의 논리가 얼마나 한가로운지 생각해 볼 수 있는 대목이다.

인지능력도 미세먼지에 영향을 받아요

미세먼지가 영향을 끼치는 것은 수명만이 아니다. 미세먼지는 어린이들의 인지기능에도 심각한 영향을 끼친다. 백화점이나 대형마트, 쇼핑센터 등에 가면 흔히 떼를 쓰는 어린이들을 볼 수 있는데, 이들 가운데 정상적인 범위를 벗어난 행동을 보이는 경우는 사실 환경오염 탓에 과잉행동장애나 주의력결핍 등의 문제를 겪는 것일 수도 있다.

2018년 스페인 바르셀로나 세계보건연구소와 네덜란드 에라스뮈스 대학교 의료센터 등 연구진은 태아 때 대기 오염에 노출될 경우 뇌 손상을 입어 취학 연령이 되었을 때 인지기능에 문제가 생길 수 있다는 연구 결과를 발표했다. 특히 충격적인 것은 일반적으로 건강에 큰 악영향을 미치지 않는다고 여겨지는 적은 농도의 오염 물질에도 태아의 뇌가 영향을 받는다는 점이었다. 유럽의 미세먼지 농도는 대체로 국내보다 낮은 편이지만 이 역시 안심할 수 있는 수준은 아니라는 이야기다.

이 연구는 인간이 자기 스스로를 조절, 통제하는 뇌의 기능과 대기 오염 사이의 관계를 밝힌 첫 번째 연구였다. 자기조절 능력이 부족할 경우 과잉행동장애, 주의력결핍, 중독행동 등이 나타날 수 있다. 연구진은 네덜란드의 6~10세 어린이 783명의 코호트 자료를 분석했다. 이 연구에서 분석 대상이 된 오염 물질은 초미세먼지와 이산화질소 등이었다.

연구진은 태아의 뇌가 스스로를 보호하는 능력이 없기 때문에 대기오염에 더욱 취약하다며, 유럽의 일반적인 주거지역에서 기준치 미만의 초미세먼지에 노출된 경우도 자기조절과 관련된 뇌의 기능 변화가 일어났다고 밝혔다. 연구대상이 된 어린이들의 어머니들 중에서 임신 기간 동안 유럽연합(EU) 기준치인 연평균 25㎍/㎥ 이상의 초미세먼지에 노출된 임신부는 불과 0.5% 정도였다. 즉 우리나라 사람들이 부러워하는 낮은 수준의 미세먼지도 태아의 건강에 악영향을 미칠 수 있다는 것

코호트 연령별로 동일한 특성을 가진 인구집단을 말한다. 이들 인구집단에 대해 오랜 기간 동안 반복적인 조사를 실시함으로써 질병이나 오염 물질과 건강영향 등의 상관관계를 찾아내는 방식으로 연구를 진행한다.

이다. 다만 연구대상 어린이들의 어머니들은 이산화질소에 많이 노출된 것으로 나타났다. 이산화질소는 미세먼지의 원인물질 중 하나로, 경유 자동차의 배기가스에 많이 포함되어 있다.

우리나라 정부는 서울의 초미세먼지 농도를 유럽 주요 도시 수준으로 낮추는 것을 목표로 삼고 있다. 2016년 서울의 연평균 초미세먼지 농도는 26㎍/㎥이었으며, 목표는 2040년까지 10㎍/㎥으로 낮추는 것이다. WHO는 초미세먼지 기준치를 24시간 평균 25㎍/㎥, 연평균 10㎍/㎥으로 낮출 것을 권고하고 있다.

초미세먼지의 악영향에 대한 기존 연구들에서도 고농도 초미세먼지가 인지기능 저하를 일으키고, 태아 성장에 영향을 미친다는 내용이 밝혀진 바 있다. 우리나라에서는 이화여자대학교 예방의학과 연구진 등이 "임신부가 고농도의 초미세먼지나 이산화질소에 노출될 경우 태아의 머리 둘레가 작아질 수 있다"는 연구 결과를 내놓은 바 있다. 특히 임신 중기 이후에 오염 물질에 노출될 경우 태아에 미치는 영향이 크다는 것이 확인됐다. 태아의 머리 크기는 태아가 건강하게 성장함을 보여 주는, 특히 뇌가 잘 성장하고 있음을 보여 주는 지표 중 하나다. 또 벨기에, 스페인, 영국 등 공동연구진도 초미세먼지에 많이 노출된 태아에서 조기 노화현상이 나타날 수 있다는 연구 결과를 발표한 바 있다. 당시 연구진은 미세먼지 농도를 낮추는 것이 인간의 수명 연장과도 연결된다고 밝혔다.

어른들이 만들어 놓은 대기 오염은 태아들, 그리고 앞으로 태어날 미래세대들에게 태어나기도 전부터 큰 피해를 끼치고 있는 것이다. 그들보다 먼저 태어나 대기 오염에 대해 적게나마 책임을 가진 이들 모두가 죄책감을 느껴야 하지 않을까?

국경을 넘나드는 미세먼지

미세먼지는 중국에서 날아오는 것일까?

미세먼지 관련 기사가 나올 때마다 포털사이트에 달리는 댓글이 있다. 왜 중국발 미세먼지 이야기는 안 하고 국내 책임만 묻느냐는 것이다. 나쁜 이웃이 보내는 오염 물질에 대해서는 논하지 않고, 가족들끼리만 서로 탓을 한다는 이야기다. 하지만 이런 주장은 반만 맞고, 반은 틀리다.

물론 중국에서 미세먼지 등 오염 물질이 기류를 타고 우리나라 쪽으로 건너온다는 것은 부인할 수 없는 사실이다. 또 그 미세먼지가 국내

중국 상하이 하늘에 스모그가 가득한 모습. 중국 동부 해안에는 오염 물질을 내뿜는 공장과 발전소가 밀집해 있다.

미세먼지 농도에 영향을 미친다는 것 역시 부인하기 어렵다. 실제 겨울철 수도권을 덮친 미세먼지를 분석해 보면 국외와 국내 영향이 각기 반 정도로 나타난다.

기상청이 2017년 12월에서 2018년 2월 사이 미세먼지 농도가 '나쁨' 이상이었던 날의 기류를 분석한 결과, 전체 32일 가운데 국외에서 바람이 이동한 날이 14일이었다. 국내에선 12일, 국외와 국내 양쪽에서 바람이 이동한 날은 6일이었다. 비율로 치면 국외 43.8%, 국내 37.5%, 국내외 18.7% 정도이다. 이 밖에도 다수의 자료들이 중국 대륙에서 한반도 쪽으로 미세먼지가 이동해 온다는 점을 증명하고 있다.

예를 들어 한국표준과학연구원은 중국의 음력설인 춘제 때 폭죽으로 인해 발생한 오염 물질이 우리나라 초미세먼지 농도에 영향을 미친다고 발표한 바 있다. 연구진은 2017년 1월 30일 국내 초미세먼지의 화학적 성분을 분석했더니 칼륨 농도가 평소의 7배가량 높았다고 설명했다. 칼륨은 자연 상태에서는 거의 배출되지 않고 폭죽이나 바이오매스 등이 연소될 때만 대기로 방출되는 '지시물질'이기에, 당시 초미세먼지에 포함된 칼륨은 중국인들이 춘제 때 대규모로 터뜨린 폭죽 때문이라는 얘기였다. 당시 우리나라의 초미세먼지 농도는 나쁨(51~100㎍/m³ 이상) 수준까지 치솟은 상태였다.

그럼 중국이 책임져야지!

상황이 이렇다 보니 많은 시민들이 중국발 미세먼지에 대해 분노를 표시하는 것은 어쩌면 당연한 일일 수밖에 없다. 국내에서 생기는 미세먼지만 해도 상당한 수준인데, 중국발 미세먼지까지 더해지니 미세먼지

바이오매스 연료로 사용할 수 있는 식물이나 동물 등을 일컫는 말로, '생물 연료'라고도 부른다. 대표적으로 장작이나 나뭇잎 등이 있으며, 가공을 통해 동·식물성유지나 바이오디젤 등으로 쓰이기도 한다.

로 인한 건강 악영향을 걱정하지 않을 수 없는 것이다.

그렇다면 중국에 미세먼지에 대한 책임을 묻는 것은 가능할까? 결론부터 말하면 현재로서는 어려운 것이 현실이다. 우선 한중일 세 나라가 미세먼지 연구에 대해 협력하고는 있으나 아직 중국은 동북아시아의 미세먼지 증가가 자신들의 책임이라는 점을 인정하지 않고 있다. 중국에 책임을 물으려면 과학적 근거가 분명해야 하지만 미세먼지에 대한 과학적 연구나 저감 기술 역시 우리보다 중국이 앞선 상태다. 앞서 언급한 연구 결과들을 중국이 인정하지 않을 경우 우리로서는 할 말이 없어질 수도 있다.

한동안 언론 등에 보도되면서 미세먼지 위성사진으로 잘못 알려진 대기 모델링 이미지들은 대기의 흐름을 컴퓨터 화면에 시각적으로 표시한 것일 뿐 실제 관측된 정보가 아니다. 아주대학교 장재연 교수는 저서 〈공기 파는 사회에 반대한다〉에서 흔히 인공위성 사진으로 알려진 널스쿨(earth.nullschool.net)의 대기 오염 물질 확산 그래픽에 대해 다음과 같이 설명했다.

> 사실 이 컴퓨터 그래픽은 강력한 종교적 신앙에 버금가는 선입견만 없다면, 절대 인공위성 사진으로 착각할 수 없다. 바람이 실선으로 살아 움직이고 있고, 눈에 잘 보이지도 않는 미세먼지가, 그것도 그냥 뿌연 것도 아니고 시뻘겋게 보일 리가 없기 때문이다. (중략) 슈퍼컴퓨터와 막대한 인력과 예산을 사용

대기의 흐름을 시각적으로 보여 주는 널스쿨의 이미지.

해도 확보하기 어려운 것이 미세먼지 모델링 결과의 정확성이다.

그의 설명처럼 아직 과학기술은 중국을 비롯한 어딘가에서 이동해 오는 미세먼지를 우리가 보기 좋게 시각화할 수 있을 만큼 발전하지 못한 상태다.

아직까지는 중국에서 오염 물질이 넘어오는 경로와 속도 등을 실측한 자료가 존재하지 않는다. 애초에 중국 내의 미세먼지 배출 현황을 알아야만 중국발 미세먼지가 어떻게 이동하는지를 연구할 수 있는데, 아직 우리는 중국 내 자료를 충분히 확보하지 못하고 있는 상태다. 연구를 위한 기본 자료조차 없기 때문에 중국과 과학적인 근거를 두고 갈등이 생기면 불리한 입장에 처할 수밖에 없는 것이다. 게다가 중국발 미세먼지가 우리나라에 상당 부분 영향을 미친다는 것이 증명된다 해도, 중국에 책임을 물을 수 있느냐는 별개의 문제다.

해결 방법이 없을까?

나쁜 이웃이 계속 오염 물질을 보내도록 팔짱을 낀 채 지켜보는 수밖에 없는 것일까? 한국 사회가 할 수 있는 일은 크게 두 가지일 것이다. 하나는 중국과 낮은 단계에서부터의 협력을 통해 미세먼지 문제에 대한 상호 신뢰를 쌓는 것이고, 다른 하나는 자체적인 저감 노력을 기울이는 것이다. 전자를 통해서는 중국이 가지고 있는 미세먼지 관련 정보들을 얻어내고, 장기적으로 한중일이 협력해서 국경을 넘어다니는 오염 물질을 줄일 수 있는 협력 체계를 만들어야 할 것이다. 이는 미세먼지뿐 아니라 이미 발생하고 있고, 앞으로도 발생할 수 있는 오염 물질에 대해 제대로 대처하는 방법이 될 수 있다. 자체적인 저감 노력 역시 기본적으로 해야 할 일이다. 단시간에 해결할 수 없는 문제라는 점을 인식할 수 있다면 긴 시간이 걸리더라도 제대로 해법을 도출하는 자세가 필요한 상황이다. 즉 중국 탓만 하면서 우리 스스로 대기질 개선을 위해 할 수 있는 일들을 외면해서는 안 된다는 이야기다.

시민들이 중국발 미세먼지에 분노하고, 댓글 등의 방법으로 그 분노를 표출하는 것은 당연한 일이지만 중국 탓만 한다고 해결되는 것은 없다. 게다가 중국을 지나치게 강조하는 사회 분위기는 국내의 미세먼지 배출원들, 즉 미세먼지 문제에 책임이 있는 이들이 뒤로 숨을 수 있는 분위기를 만든다. 석탄화력발전, 시멘트 및 철강 산업, 도로의 자동차, 건설현장의 비산먼지 등 우리의 노력에 따라 얼마든지 미세먼지 배출량을 줄일 수 있는 부분들을 놓치게 될 수도 있다.

게다가 많은 이들이 간과하는 부분이 있다. 우리나라는 중국발 미세먼지의 영향을 제외해도 미세먼지 농도가 높은 나라라는 점이다. 최근에는 미세먼지 외에도 이산화질소나 오존처럼 건강에 악영향을 끼치는 오염 물질들이 고농도로 발생하면서 걱정을 끼치고 있다.

필자가 만난 해외 전문가들은 우리가 자체적으로 대기질 개선을 위해 노력하는 동시에 중국발 미세먼지 문제를 풀기 위한 외교적 노력도 함께해야 한다고 조언했다. 특히 우리나라와 중국만이 아닌 일본, 대만, 몽골, 북한 등 주변국들을 모두 포함시킨 다자간 협의가 필요하다는 조언도 했다. 사실 정도의 차이가 있긴 하지만 일본, 대만, 북한 등은 모두 중국발 오염 물질의 피해를 입고 있는 나라들이라는 공통점이 있다. 유럽연합의 사례처럼 다자간 협의를 통해 강제성 있는 대기질 개선 관련 협력 체계를 만들어야 한다는 이야기였다.

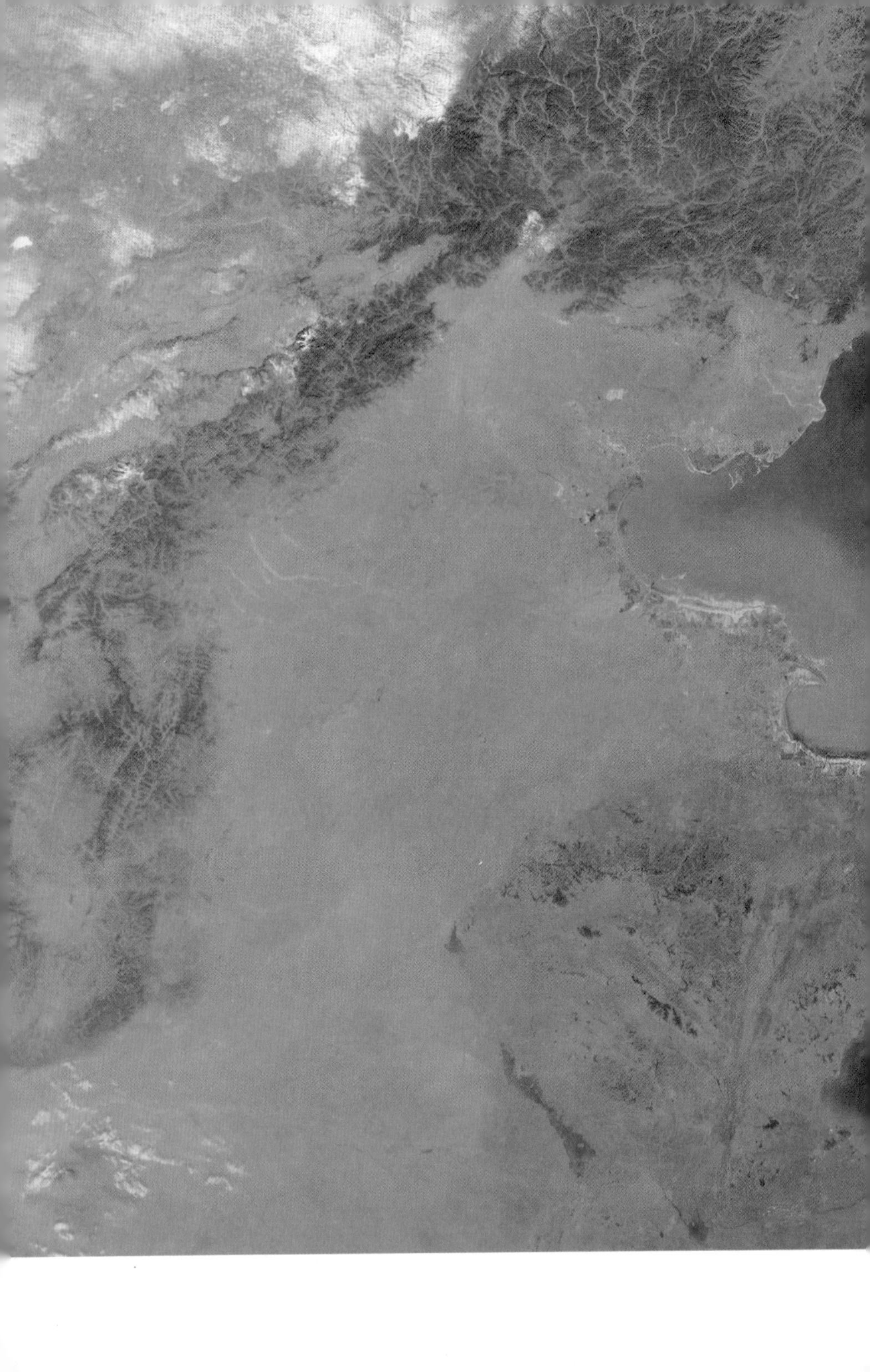

NASA의 위성이 촬영한 한겨울 중국과 우리나라. 중국을 뒤덮은 대기 오염 물질이 확연히 보인다.

다른 나라들은 어떻게 할까?

사실 오염 물질이 국경을 넘어다니는 것은 우리나라 주변에서만 일어나는 일은 아니다. 특히 여러 나라가 촘촘히 국경을 맞대고 있는 유럽 같은 경우는 피해 국가와 가해 국가가 복잡하게 얽혀 있는 상황이다. 예를 들어 유럽 중심부에 위치한 독일은 9개 나라와 국경을 접하고 있는데, 독일 정부는 독일 내 초미세먼지의 약 50%, 미세먼지의 원인이 되는 이산화질소의 57%, 이산화황의 48% 등이 프랑스나 영국 등 산업이 발달한 서쪽 국가에서 넘어오는 것으로 판단하고 있다. 또 독일 수도인 베를린은 겨울철 북동쪽에서 불어오는 찬 공기를 타고 폴란드, 체코, 우크라이나 등 동유럽 국가의 오염 물질이 넘어오는 경우가 많다. 물론 독일에서 배출하는 오염 물질 역시 외부로 흘러나가고 있다. 유럽 대륙의 공기 흐름은 대서양에서 불어오는 서풍을 따라 서쪽에서 동쪽으로 이동하는 것이 주를 이루기 때문이다. 이처럼 국경을 넘어 다른 나라로 이동하는 오염 물질을 월경성 오염 물질이라고 부른다.

월경성 오염 물질 국경을 넘어 이동하는 오염 물질을 말한다. 주로 대기 오염 물질을 말하는 경우가 많으며 국경을 접하고 있는 나라들 사이 갈등의 원인이 되고 있다. 대표적인 사례로 1920~1930년대 캐나다 제련소로 인한 미국과 캐나다의 분쟁, 1960년대 영국과 독일에서 배출한 오염 물질이 북유럽에 끼친 피해, 2019년 인도네시아의 열대우림 화재가 싱가포르의 대기질에 악영향을 미친 것 등을 들 수 있다.

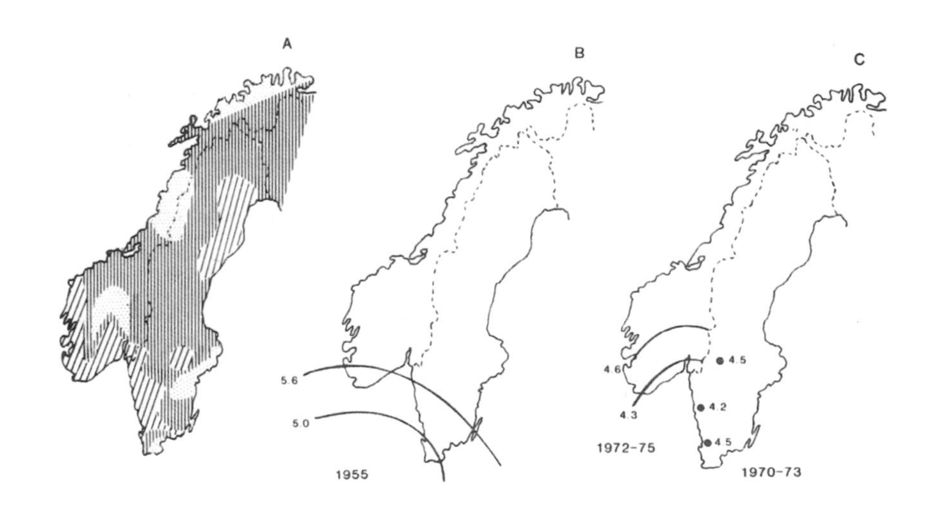

1950년대 산성비로 인한 스칸디나비아 반도의 토양 오염 현황도.

주변국을 원망하는 정서가 생기기 쉬운 상황임에도 독일은 '지자체들과 협력해 할 수 있는 일을 다 하면서 EU를 통해 주변국들과 협력한다'는 월경성 오염 물질 대처 원칙을 세우고 있다. EU 역시 이러한 문제를 해결하기 위해 나라마다 '특정 대기 오염 물질 배출한도 지침(NECD)'을 정하고, 회원국에 이를 준수하도록 하고 있다. 이외에도 독일은 인접 국가로의 오염 물질 필터 기술 전수를 통해 월경성 오염 물질 배출을 최대한 줄이려는 시도를 병행하고 있기도 하다.

유럽에 이런 협력 체계가 만들어진 것은 일찍부터 월경성 오염 물질로 인한 갈등이 빚어진 탓도 있다. 유럽에선 1950년대부터 스칸디나비아 반도에 산성비가 내리면서 숲이 훼손되는 사태가 벌어진 바 있다. 과학자들이 이 산성비의 원인을 분석한 결과, 영국과 서독의 오염 때문이라는 연구 결과가 1971년에 발표되었다. 당시 두 나라는 자신들의 책임을 부정했지만 다자간 협의 체계가 만들어지면서 월경성 오염 물질 문제를 풀 수 있게 되었다. 1979년 유럽 31개국이 참여한 '월경성 장거리 이동 대기 오염에 관한 협약'이 체결된 것이다. 미국과 캐나다 역시 월경성 오염 물질에 대한 국제협약인 '미국-캐나다 간 대기질 협약'을 맺은 바 있다.

아시아에도 우리나라보다 먼저 월경성 오염 물질 문제가 불거진 사례가 있다. 인도네시아에서 플랜테이션 농업을 위해 밀림을 태우면서 발생한 연기로 인해 싱가포르와 갈등을 겪은 것이 대표적이다. 싱가포르는 연기를 발생시키는 기업과 개인을 처벌하기 위한 법까지 제정했지만 자국 영토 밖인 인도네시아에서 벌어지는 개간의 책임자를 처벌하는 것은 불가능했다. 싱가포르가 얻은 결론 역시 동남아시아국가연합(ASEAN) 등을 통한 다자간 협의와 협력 체계 마련이었다.

우리나라 역시 EU와 마찬가지로 자체 배출량에 대한 대책을 세움과 동시에 동북아시아의 주변국과 협력하는 체계를 만드는 것이 미세먼지를 줄이는 가장 빠르고, 효과적인 길이 될 것이다.

EU의 특정 대기 오염 물질 배출한도 지침(NECD)

EU는 2001년 NECD를 마련해 회원국별로 질소산화물, 이산화황, 휘발성유기화합물 등 주요 오염 물질의 배출한도를 정했고, 2016년에는 이 지침을 개정해 초미세먼지와 오존 등을 추가했다. 한 국가가 독자적으로 모든 일을 해결하기는 어렵기 때문에 협업하는 구조를 만든 것이다. EU는 각 회원국이 이 지침을 준수해 2020년까지 2001년 배출량 대비 질소산화물 60%, 이산화황 82%, 휘발성유기화합물 51%, 초미세먼지 59%를 줄인다는 목표를 세웠다. EU는 회원국들이 이 지침을 준수하는지 매년 점검해 발표하고 있으며, 준수하지 않는 회원국을 유럽사법재판소에 제소할 수 있다. 2015년도 이행 현황 점검 결과에 따르면 11개 회원국이 하나 이상의 오염 물질 배출한도를 준수하지 못했다. 이들 국가는 지침에 따라 강화된 대기질 개선 계획을 EU 집행위원회에 제출해야 한다. 유럽의 전문가들은 우리나라도 EU처럼 주변국들과 강제성 있는 협력 체계를 만드는 것만이 월경성 미세먼지 문제를 해결할 수 있는 길이라고 강조한다.

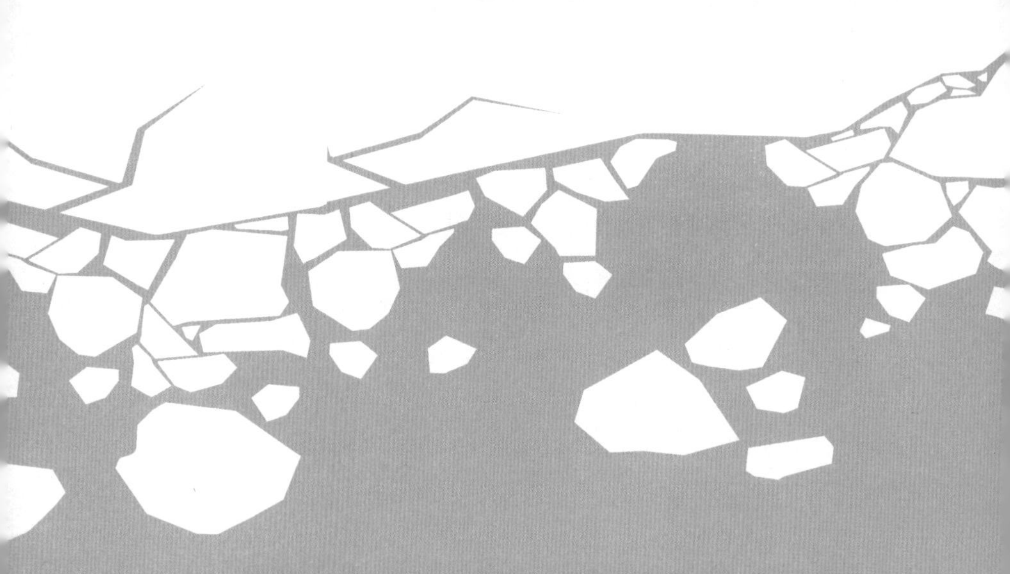

2

얼음이 녹고 있어요

극지방 얼음이 사라지고 있어요

얼음은 얼마나 줄어들었을까?

기후변화로 인해 벌어지는 다양한 현상들 가운데 유독 자주 언급되는 내용이 있다. 이 책에서도 중요하게 소개할, 남극과 북극의 얼음이 녹는다는 이야기와 북극곰이 맞이한 위기에 대한 이야기다. 일상생활에 치여 '기후변화' 라는, 뜬구름 잡는 듯한 이야기를 돌아볼 틈이 없는 이들에게조차 남북극의 얼음과 곤경에 처한 북극곰의 위기는 모른 척하기 어렵기 때문일 것이다.

극지방의 얼음이 빠르게 녹는다는 이야기를 들어 보지 못한 사람은

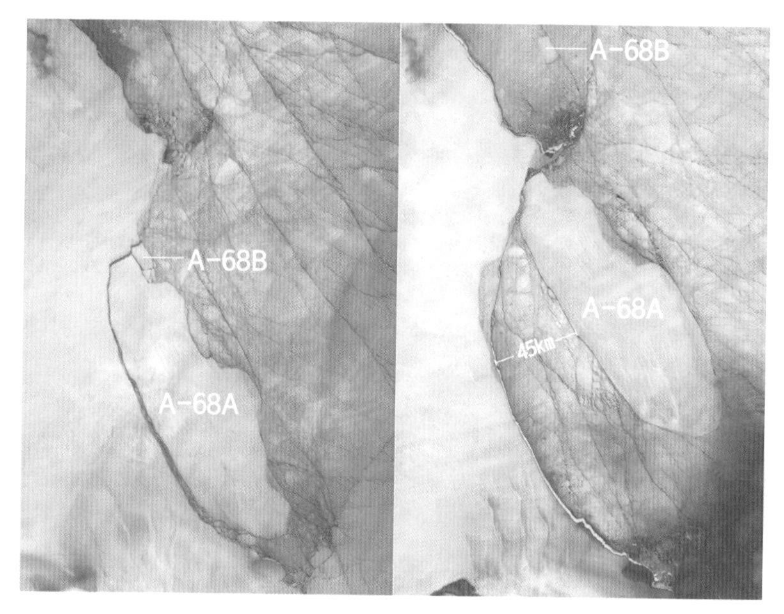

남극의 라르센C 빙붕이 녹으면서 분리된 A-68빙산의 모습.
서울 면적의 약 10배에 달하는 A-68빙산은 1년 사이에 45㎞나 이동했다.

드물겠지만 실제 과학자들이 발표하는 연구 결과는 일반인들의 생각보다 더 심각한 수준이다. 미국 항공우주국(NASA)과 영국 리즈대학교 등 전 세계 44개 연구기관으로 구성된 '빙상(대륙빙하) 물질수지 상호비교 활동(IMBIE)' 국제공동연구진이 2018년 6월 <네이처>에 발표한 논문에 따르면 1992년에서 2017년까지 25년 동안 남극에서 3조 톤의 빙하가 녹아내려 지구 전체 해수면이 약 7.6㎜ 상승했다. 연구진은 위성 관측을 통해 남극 얼음의 생성량과 손실량을 계산해 이 같은 결과를 얻었으며, 남극에서만 연평균 760억 톤의 얼음이 녹는다고 한다. 특히 연구진은 최근 5년 사이 해수면이 3㎜ 상승하는 등 해수면 상승 속도가 빨라지고 있다고 밝혔는데, 이런 추세대로라면 2070년경에는 얼음이 녹는 것을 넘어서 인류가 큰 위기를 맞을 수도 있다고 경고했다. 남극 얼음 전체가 녹으면 지구 해수면이 무려 58m나 상승한다고 하니 인류가 온실가스 배출량을 줄이지 않을 경우 돌이킬 수 없는 파국을 맞을 수도 있다는 암울한 전망인 것이다.

호주 연방과학원과 호주 모내시대학교 등의 연구진도 같은 날 <네이처>에 발표한 논문에서, 지금과 같은 추세로 남극 얼음이 녹는다면 지구 전체의 해수면이 2070년쯤 약 25㎝ 정도 상승하리라고 전망했다. 현재는 남극에서 얼음이 녹아내리는 양과 남극 대륙 중앙부에서 눈이 쌓이며 늘어나는 얼음의 양이 균형을 이루면서 얼음 손실량이 비교적 적지만, 2070년에는 이 같은 균형이 깨지면서 얼음이 급속도로 줄어들고, 해수면 상승 속도도 빨라질 것으로 예상했다. 그리고 남극 얼음이 아닌 다른 요인들로 인한 상승폭까지 합해 2070년경 지구 해수면 상승폭을 1m가량으로 예측했다.

지구 해수면이 1m나 상승한다는 것은 이미 바닷물에 잠겨 가고 있는 태평양의 섬나라들은 물론 세계 곳곳 해안지역에 거주하는 이들에게도 절망적인 상황을 만들 수 있다. 급격한 해수면 상승으로 위험한 상황에 처한 재난영화 속 주인공들의 이야기가 현재의 청소년, 어린이들에겐

해수면 상승의 직접적인 영향을 받는 피지의 해안가 마을.

멀지 않은 미래의 현실이 될 수도 있는 셈이다.

이는 유엔 기후변화에 관한 정부 간 협의체(IPCC)가 2014년 발표했던 온실가스 감축 정도별 시나리오 중 가장 비관적인 시나리오보다도 더 심각한 수치이다. IPCC는 인류가 온실가스 배출량을 전혀 감축하지 않는 경우를 가정한 최악의 시나리오에서 2081~2100년쯤 전 지구 평균 기온이 산업혁명 이전보다 2.6~4.8도 상승하고, 해수면은 45~82㎝ 상승하리라고 전망했다. 만약 인류가 온실가스 배출량을 획기적으로 줄인다면 2081~2100년쯤 기온 상승폭은 1.1~2.6도, 해수면 상승폭은

32~63㎝ 가량으로 예상했다.

지금까지의 예상보다 해수면이 더 빠르게 상승해서, 앞서 소개한 연구들보다 이른 시기에 많은 도시가 물에 잠길 것이라는 전망도 있다. 2019년 10월, 국제 기후변화 연구기관인 클라이밋센트럴(Climate Central)은 인류가 지금처럼 온실가스를 배출할 경우, 2050년쯤 되면 해수면 상승으로 인해 베트남, 태국 인도네시아 등 동남아시아 국가의 해안도시 다수가 물에 잠길 것이라는 내용의 연구 결과를 발표했다. 연구진은 이로 인해 거주지를 잃는 사람이 전 세계에서 1억 5,000만 명에 달할 것이며, 약 3억 명이 1년에 적어도 한 번은 침수 피해를 입게 될 것이라고 추산했다. 연구진은 우리나라에서도 매년 약 130만 명이 침수 피해를 겪을 것이라고 예측했다.

온실가스 감축 목표를 맞추면 문제 없지 않을까?

지난 2015년 프랑스 파리에서 열린 제21차 유엔 기후변화협약 당사국 총회에서는 세계 195개 국가가 전 지구의 평균 지표기온 상승폭을 산업혁명 이전 대비 '1.5도 이하'로 제한하기 위해 노력하고, 최소한 2도 아래로 유지하도록 하는 것에 합의한 바 있다. 세계 주요 언론들은 이 협약을 두고 '화석연료 시대의 종언'이라고 평가한 바 있다. 그러나 이러한 목표를 모두 달성하더라도 여름철에는 북극 빙하가 모두 녹아 사라질 가능성이 높다는 연구 결과가 나왔다.

우리나라 기초과학연구원 기후물리연구단이 연세대학교, 부산대학교 등 국내외 연구진과 공동으로 분석한 결과, 지구 평균 기온이 산업혁명 이전보다 2도 상승할 경우 9월에 북극 빙하가 완전히 녹을 가능성은 28%로 나타났다. 북극은 9월이 여름이고 3월이 겨울이라 볼 수 있는데, 9월의 빙하 면적이 기후변화의 척도로 여겨진다. 즉 세계 각국이 세운 목표가 실현되더라도 북극 빙하의 유실 가능성을 완전히 막을 수는 없다는 이야기다.

다행히 이 연구에는 그나마 희망적인 내용도 포함되어 있다. 연구진은 여러 가지 시나리오별로 북극 빙하의 유실 확률을 계산했는데, 산업혁명 이전 대비 지구 평균 기온 상승 폭을 1.5도로 낮출 경우 9월 북극 빙하가 완전히 유실될 확률은 6%로 줄어들었다. 인류의 노력 여하에 따라 재앙의 가능성을 크게 낮출 수도 있다는 것이다. 결국 기후위기를 만든 것도, 파국을 일으킨 장본인도 인류이고, 그 파국을 막을 수 있는 것도 인류일 수밖에 없다.

또 하나의 문제, 엘니뇨

강한 엘니뇨 현상이 발생할 경우 남극의 얼음이 크게 줄어든다는 연구 결과도 나온 바 있다. 미국 캘리포니아대학교 샌디에이고캠퍼스 연구진은 1994년부터 2017년까지 남극 서부 아문센해의 빙붕 높이를 위성으로 관측했다. 빙붕의 높이는 연평균 20㎝가량 줄어들었는데, 강한 엘니뇨가 발생한 1997~1998년에는 25㎝가 줄어들었다. 연구진은 강한 엘니뇨가 남극 대륙의 바람 방향을 바꾸면서 따뜻한 해류가 남극 쪽으로 움직였고, 이로 인해 남극 얼음이 녹아내린다고 설명했다. 엘니뇨와 남극 얼음 사이의 관계를 실제로 측정해서 규명한 최초의 연구였다.

남극 빙붕은 거대한 크기이기는 하지만 해수면 위에 떠 있는 상태이기 때문에 빙붕이 녹아 줄어들더라도 해수면 상승에 직접 영향을 미치지 않는다. 그러나 빙붕은 남극 대륙의 빙하가 육지에서 바다로 흘러내

엘니뇨 동태평양의 엘니뇨 감시구역에서 해수면 온도가 평균보다 0.4도 이상 높은 현상이 6개월간 지속될 경우를 엘니뇨라고 부른다. 엘니뇨는 스페인어로 '아기 예수' 또는 '남자아이'라는 의미인데, 동태평양에 접해 있는 페루에서 주로 성탄절 즈음에 발생하는 현상이어서 붙은 이름이다. 엘니뇨가 발생하면 다양한 기상 재해를 불러와 생태계와 농업, 국가 경제에 큰 영향을 준다. 엘니뇨의 반대 현상을 라니냐라고 하는데, 엘니뇨 감시구역의 해수면 온도가 평균보다 0.4도 이상 낮은 현상이 6개월간 지속되는 경우를 이른다. 라니냐는 스페인어로 '여자아이'라는 의미이다.

빙붕 남극 대륙을 덮고 있는 두께 약 200~900m의 거대한 얼음 덩어리를 말한다. 남극 대륙의 육지는 물론 해안까지 덮은 상태여서 대륙의 빙하가 바다로 흘러가는 것을 막는 역할도 하고 있다.

기후변화로 인해 균열이 발생한 그린란드 피터만 빙하의 모습.

려 가지 않도록 막아 주는 중요한 역할을 한다. 따라서 빙붕이 감소한다는 것은 남극 빙하의 흐름을 막아주던 버팀목이 기능을 상실해 빙하도 빨리 녹게 된다는 것을 의미한다. 연구진은 라니냐 기간에 반대로 빙붕이 증가하는 것을 확인했지만, 엘니뇨 때 줄어든 양보다는 훨씬 적은 수준이었다고 밝혔다.

엘니뇨가 발생하면 통상적으로 겨울철에 호주와 인도네시아 등에서 고온과 가뭄이 발생하고, 중남미에는 잦은 폭우가 내리는 등 지구 곳곳에 기상이변 현상을 일으킨다. 우리나라도 예외는 아니어서 엘니뇨가 발생하면 겨울철 기온이 평년보다 높아지고, 강수량이 늘어나는 경향이 있다.

남극의 빙하와 빙붕이 녹아내리는 것은 이처럼 지구 해수면 상승에 직간접적인 영향을 미친다. 해수면 상승의 여파를 직격탄으로 맞는 곳은 태평양의 작은 섬나라들만이 아니다. 우리나라를 비롯한 전 세계의 해안 지역들은 해수면 상승의 영향으로부터 자유로울 수 없다.

얼음이 녹으면 오염 물질도 많아진다고?

그런데 남북극의 얼음이 녹아내리는 것은 해수면 상승뿐 아니라 오염 물질이 바다로 풀려나가는 결과까지 야기한다. 독일의 알프레드베게너연구소가 2014년 봄부터 이듬해 여름까지 북극해 5곳에서 얼음을 채취해 분석한 결과 모든 해빙 조각에서 미세플라스틱이 발견되었다고 발표했다. 사람 머리카락 직경의 6분의 1정도밖에 되지 않는 미세플라스틱 조각이 해빙 1리터에 무려 1만 2,000개가량 포함되어 있었다는 것이다. 미세플라스틱의 종류도 포장재부터 페인트, 나일론 등 다양했다. 연구진은 인간에 의해 바다가 미세플라스틱으로 오염되기 시작하면서 해빙이 미세플라스틱의 임시 저장고 역할을 해 왔는데, 해빙이 빨리 녹으면서 미세플라스틱이 바다로 퍼져나가는 속도도 빨라지고 있다고 이야기했다. 인간의 활동으로 인해 북극까지 침투한 미세플라스틱이 다시 인간의 활동으로 인해 전 세계 바다로 흘러나가는 현상이 벌어지고 있는 것이다.

바다로 유입되는 플라스틱의 양은 연간 800만 톤에 달하는 것으로 추정되고, 해빙에 갇혔다가 다시 배출되는 미세플라스틱은 북극해의 심층수까지 오염시키고 있을 가능성이 제기된다. 아직 인체에 대한 영향이 확실하게 밝혀지지 않은 미세플라스틱의 위험성을 피하기 위해서라도 북극 얼음이 녹지 않도록 하는 노력이 필요한 셈이다.

갈 곳을 잃은 북극곰

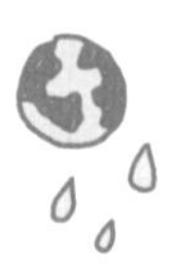

북극곰의 눈물

굶주려 앙상해진 북극곰 사진이 여러 매체를 통해 알려지면서, 북극곰은 어느새 기후변화의 영향을 보여주는 상징적인 존재가 되었다. 실제로 빙산이 녹으면서 북극곰의 개체수가 많이 줄어들었고, 일부는 먹이를 구하기 위해 비쩍 마른 몸으로 민가에까지 찾아오는 경우가 심심찮게 발생한다고 한다.

그런데 북극권에서 사는 많은 동물 가운데 유독 왜 북극곰이 가장 곤란한 상황에 빠진 것일까? 2008년 멸종위기종으로 분류된 북극곰은 북

굶주린 북극곰이 작은 빙산 위에 올라 있다.

극권 국가인 미국 알래스카와 러시아, 캐나다, 덴마크, 그린란드, 노르웨이 등 5개국에만 서식하고 있다. 북극곰은 이 지역에서 먹이사슬의 가장 위에 있는 최상위 포식자로, 큰 체격을 유지하기 위해 많은 열량을 필요로 한다.

멸종위기종 야생 상태에서 절멸 위기에 놓인 생물종을 의미한다. 세계자연보전연맹은 멸종이 우려되는 세계의 야생동물을 9단계로 분류해 적색목록(Red list)으로 공개하고 있다. 우리나라의 경우 멸종 위기에 처한 야생 생물을 크게 I급과 II급으로 나누어 관리한다. I급은 개체수가 크게 줄어들어 멸종 위기에 처한 야생 생물, II급은 개체수가 크게 줄어들고 있어 현재의 위협 요인이 제거되거나 완화되지 아니할 경우 가까운 장래에 멸종 위기에 처할 우려가 있는 야생 생물을 말한다.

미국 지질조사국과 캘리포니아주립대학교 산타크루즈캠퍼스 연구진은 2014년부터 2016년까지 매년 4월마다 알래스카 보퍼트해에서 북극곰 암컷 9마리를 포획해 피, 소변, 체중 등을 검사한 뒤 풀어 주고, 열흘 정도 후에 재포획해 확인하는 방식으로 북극곰의 생태를 조사했다. 또 북극곰의 몸에 위성 추적 장치(GPS)를 부착해 행동 범위도 기록했다. 연구 결과 북극곰의 신체대사량은 기존에 알려진 것보다 1.6배가량 높은 것으로 나타났다. 이는 북극곰이 주된 먹이로 삼는 바다표범을 더 많이 사냥해야 한다는 의미인데, 그만큼 북극곰의 에너지 소비는 늘어날 수밖에 없다.

하지만 북극 얼음이 빠르게 감소하면서 바다표범의 개체 수가 줄어들었고, 북극곰의 바다표범 사냥 역시 점점 어려워지고 있다. 실제로 조사 대상인 9마리 중 4마리는 하루에 체중이 1%가량, 열흘 동안 약 10%나 줄어들었다. 특히 한 마리는 축적된 지방뿐 아니라 근육량도 줄어든 것으로 나타났다. 바다에서 생활하는 북극곰의 특성상 이 정도 수치는 육지에서의 체중 감소율보다 4배가량 많은 수치라고 할 수 있다.

연구진은 더 많은 해빙이 사라질 경우 북극곰의 생존에 필요한 에너

신체대사량 호흡이나 체온 유지 등 우리 몸이 생명을 유지하기 위해 필요한 최소한의 에너지를 말하며 흔히 기초대사량이라고도 부른다. 신체대사량이 높으면 체내에서 소비하는 에너지가 많아 같은 양의 양분을 섭취해도 체중이 덜 증가한다. 또 몸을 적게 움직이더라도 살이 쉽게 빠진다.

세계자연기금 연구진이 북극곰을 포획해 위성 추적 장치를 부착하고 있다.

지량보다 사냥에 드는 에너지량이 더욱 증가하면서 북극곰의 개체 수 감소 현상이 심화되리라고 전망했다. 연구진의 추정에 따르면 최근 10년간 북극곰의 개체 수는 40%가량 줄어들었다. 그리고 북극의 얼음은 10년마다 약 14%씩 줄어들고 있다.

이보다 앞서 미국 지질조사국이 2001년부터 2010년까지 북극곰의 주요 서식지인 보퍼트해 남부 해역의 북극곰을 조사해 2015년 발표한 내용에 따르면, 2004년 약 1,600마리였던 북극곰은 2010년 들어 약 900마리로 감소했다. 1980년대까지만 해도 이 해역에는 1,800마리가량의 북극곰이 서식할 정도로 북극곰이 많은 곳이었다. 연구진은 새끼 북극곰의 생존률이 크게 낮아지면서 북극곰 개체 수가 감소했다고 설명했다. 자연 상태에서 새끼 북극곰의 생존률은 50% 정도인데, 2004년부터 2007년까지 관찰 대상이었던 새끼 북극곰 80마리 중 살아남은 건 오직 2마리뿐이었다는 것이다. 기후변화로 인해 북극곰의 먹잇감인 바다표범이 감소하면서 새끼 북극곰들도 살아남기 힘들었던 것으로 추정된다.

인류는 북극곰을 구원할 수 있을까?

그런데 얼마 남지 않은 북극곰들의 생존을 돕는 의외의 생물이 있다. 바로 해양 포유류 중에서도 가장 큰 몸집을 자랑하는 고래류이다. 해안으로 떠밀려와 좌초된 대형 고래들이 많은 북극곰들의 생존을 돕는 경우가 종종 발생한다. 실제로 2017년에는 러시아와 알래스카 사이 브란겔섬에 대형 북극고래 한 마리가 떠내려와 180여 마리의 북극곰들이 배를 불린 일이 있다. 그러나 북극곰 입장에서 고래 고기는 어디까지나 매우 운이 좋을 때나 먹을 수 있는 먹이일 뿐, 일상적으로 사냥하거나 얻을 수 있는 먹이원과는 거리가 멀다. 북극곰의 멸종이라는 암울한 미래를 아주 조금 늦춰 줄 뿐이다.

그렇다면 인류는 북극곰을 구원할 수 있을까? 결론부터 말하면 현재로서는 비관적이다. 미국 어류야생동식물보호국은 미국 지질조사국과 함께 21세기 말까지 온실가스 배출이 안정화되는 경우와, 줄어들지 않고 현재의 추세대로 배출되는 경우를 놓고 북극곰의 생존 확률을 계산했다. 분석 결과 온실가스 배출량이 줄어들지 않을 경우는 물론이고, 배출량이 안정되는 경우에도 북극해의 얼음이 급격히 감소하면서 북극곰의 개체수가 심각하게 위협받을 가능성이 높은 것으로 나타났다.

특히 세계 북극곰 개체 수의 3분의 1이 몰려 있는 미국과 러시아, 노르웨이에 서식하는 북극곰들이 2025년쯤부터 가장 먼저 생존의 위기에 맞닥뜨리게 될 것으로 나타났다. 미국 지질조사국의 생태학자 마이크 룽게는 "배출된 탄소는 시간이 지남에 따라 축적되며, 배출량이 줄어

2017년 북극 브란겔섬에 대형 고래가 떠내려온 덕에 여러 북극곰들이 몰려들어 배를 채우고 있다.

드는 시기와 북극해 얼음이 줄어드는 속도가 늦어지는 시기 사이에는 수십 년의 시차가 날 수 있다"고 설명했다. 인류가 새로 탄소를 배출하지 않더라도 이미 배출해 놓은 탄소가 북극곰을 비롯한 지구 환경에 악영향을 준다는 이야기다. 현재 청소년, 어린이들의 다음 세대는 북극곰을 동물원에서만 볼 수 있게 될지도 모르는 셈이다.

북극 영구동토가 녹으면 어떻게 될까?

늘 얼어 있던 땅

북극권 기후변화의 영향은 얼음이 녹는 것에만 그치지 않는다. 얼음이 녹아내리는 것만 따져도 지구 전체에 큰 영향을 미치지만 얼음 외에도 인류의 미래를 위협하는 현상들이 지금 이 순간에도 북극권 전체에서 벌어지고 있다. 특히 지구와 인류에게 연쇄적인 위험을 불러올 요소로 영구동토의 융해가 꼽힌다.

영국 랭커스터대학교와 케임브리지대학교 등 공동연구진은 북극권에서 일어나는 기후변화의 영향이 세계 경제에 얼마나 영향을 미치는

지에 대해 연구했다. 연구진은 북극 주변 지역에서 해빙이 녹고 영구동토가 사라지는 현상에 주목했다. 해빙과 그 주변 지역을 덮은 눈이 녹아 사라지면서 태양열을 흡수하는 비율이 높아지고, 광대한 넓이의 영구동토가 사라지면서 땅에 갇혀 있던 온실가스인 메탄이 대기 중으로 방출되는 등의 변화가 불러오는 경제 손실에 대해 시뮬레이션한 결과 21세기 말까지 세계 경제가 67조 달러 규모의 손실을 볼 것으로 추정되었다. 세계 전체가 앞으로 80여 년간 겪을 피해액이다 보니 우리나라 돈으로 약 7경 8,000조 원에 달하는, 그야말로 상상하기 힘든 규모의 금액이 추산된 것이다. 2016년 전 세계 국내총생산(GDP) 규모를 모두 합친 금액이 76조 달러였으니 그에 비견할 만한 수준이다.

연구진은 "북극권에서는 매우 심각한 변화가 일어나고 있으며 영구동토의 융해와 눈의 소실은 기후 시스템에서 도미노 같은 변화를 일으킬 것으로 예상된다"고 설명했다. 즉 북극권의 기후를 이루는 여러 요소들 중 하나만 임계점을 넘어선 변화가 일어나도, 도미노가 쓰러지듯 다른 요소들도 큰 영향을 받을 수밖에 없다는 것이다. 더군다나 연구진은 임계점을 한번 넘어서면 변화를 멈추는 것은 불가능하며 전 세계의 평

영구동토 지층의 온도가 연중 섭씨 0도 이하로, 항상 얼어 있는 땅을 말한다. 한대 기후에 해당하는 남극권과 북극권, 시베리아, 알래스카, 그린란드, 캐나다의 일부 지역에 존재한다.

해빙 바닷물이 얼어서 생긴 얼음. 북극의 해빙은 햇빛을 반사해 지구 전체의 열 흡수를 줄이는 역할을 한다. 해빙이 줄어들면 지구 전체의 이상 기온 현상을 불러오게 된다.

알래스카 노아탁 국립보호지역의 영구동토층이 녹으면서 지반이 무너지고 있다.

균 기온이 높아져 지구가 핫하우스어스(Hot House Earth) 상태에 처하게 될 수도 있다고 경고했다. 이럴 경우 북극권의 기온 상승 평균치는 10도 가량에 달할 수도 있다.

핫하우스어스 지구 전체의 평균 기온이 지금보다 약 4~5도 높아지면서 지구 전체가 온실화되는 상태를 이른다. 이 경우 해수면의 높이가 10~60m 정도 상승해 대부분의 해안 도시가 물에 잠기게 된다.

북극의 온난화는 지구에서 가장 빠르다

이런 우려가 현실로 다가올 수도 있다는 어두운 전망이 나오는 이유가 바로 현재 북극권에서 세계 평균에 비해 적어도 2배 이상 빠른 속도로 온난화가 진행되고 있기 때문이다. 실제 북극 지역에서는 해빙과 눈이 빠른 속도로 녹아내리고 있다. 해빙이 줄어들기 시작한 것은 1990년대부터로 알려져 있는데, 해빙이 줄어든 만큼 바다의 면적은 늘어나서, 지금까지 약 260만㎢에 달하는 면적이 바다로 바뀌었다고 추산된다. 태양광을 반사하는 얼음과 눈이 감소하면서 자연스럽게 북극권의 물과 토지가 태양에너지를 더 많이 흡수하게 되고, 이에 따라 기온이 상승하는 악순환이 벌어지고 있는 것이다. 이를 해빙 알베도 피드백이라고 부른다.

영구동토층의 해빙이 인류에게 위협으로 다가오는 또 한 가지 이유는 영구동토층이 품고 있는 탄소와 메탄 때문이다. 영구동토층 아래에는 엄청난 양의 탄소와 메탄이 잠들어 있다. 이러한 상황에서 영구동토

해빙 알베도 피드백 북극의 얼음과 눈은 태양광을 반사하면서 지구로 흡수되는 태양에너지를 줄이는 역할도 하고 있다. 북극의 얼음과 눈이 줄어들면 그만큼 지구가 흡수하는 태양에너지의 양도 증가하게 된다. 이는 북극의 기온을 상승시키고, 올라간 기온으로 인해 얼음과 눈이 녹는 악순환이 시작된다. 이를 해빙 알베도 피드백이라고 부른다. '알베도'는 천체가 태양에너지를 반사하는 비율을 말하는데, 지구의 알베도는 0.40이다.

층이 녹게 되면 메탄과 탄소가 공기 중으로 방출되는 속도가 빨라진다. 흔히 기후변화의 주범으로 온실가스인 이산화탄소를 지목하는데, 메탄은 이산화탄소보다 20배 이상 높은 온실효과를 일으키는 기체이다.

많은 과학자들이 북극권 기온 상승과 영구동토층의 해빙에 대해 우려를 표시하는 이유가 바로 여기에 있다. 영구동토층은 지구 북반구 지표의 25% 정도로 추정되는데, 1980년대부터 이 영구동토층이 녹아 일반 토양으로 변하고 있는 모습이 관찰되었다.

최근 과학자들이 발표하는 연구 결과를 보면 영구동토층의 해빙은 더욱 가속화되고 있다. 미국 캘리포니아대학교 등의 연구진은 인공위성 및 지상 관측을 통해 얻은 정보를 정교한 컴퓨터 모델링 기법으로 분석해 그린란드 지역에서 빙하가 녹는 속도가 1980년대 이후 6배가량 빨라졌다고 발표했다. 또 알래스카의 영구동토층이 녹으면서 지금까지의 예상보다 약 12배에 달하는 아산화질소가 방출되고 있다는 연구 결과도 나온 바 있다. 아산화질소는 이산화탄소보다 100배가량 강력한 온실효과를 일으키는 기체이며 오존층을 파괴해 지구를 태양의 자외선에 노출시킨다. 그러나 과학자들은 아직 영구동토의 어느 지역에서 얼마큼의 아산화질소가 방출되는지 확인하지 못하고 있다.

그린란드 남부 피오르에서 빙하가 흘러내려가는 모습.

온실가스를 줄이면 도미노를 세울 수 있을까?

앞서 소개한 영국 랭커스터대학교와 케임브리지대학교 등의 공동연구진은 북극권의 기후변화로 전 세계가 67조 달러의 경제적 손실을 가져온다는 연구 결과를 발표하면서 영구동토층과 메탄가스 방출 등의 요소는 고려하지 않았다고 설명했다. 이들 요소가 포함될 경우 예상 피해 규모는 더욱 커질 수 있다는 의미이다. 연구진은 또 북극권의 온난화로 인해 북극 항로가 열리고 자원 채취가 쉬워지는 등 경제적 이익도 발생하지만 이는 기후변화로 인한 피해와 비교하면 미미한 수준이라고 지적했다.

그나마 실낱같은 희망은 있다. 2015년 프랑스 파리에서 열린 제21차 기후변화협약 당사국총회에서 합의된 내용대로 세계 195개 국가가 전 지구의 평균 지표기온 상승폭을 산업혁명 이전 대비 '1.5도 이하'로 줄인다면 피해액이 25조 달러(약 2경 9,000조 원)로 줄어든다는 분석이 나왔다. 연구진은 이에 대해 "기후변화로 인한 피해의 대부분은 인도, 아프리카 등 기온이 높고 가난한 지역들에서 발생할 것"이라며 "인류가 지구 평균 기온 상승폭을 1.5~2도 정도로 억제하더라도 영구동토의 상실과 북극권의 알베도 저하는 온난화를 매우 가속화시킬 수 있다"고 경고했다.

다른 장에서 다시 이야기하겠지만 연구진이 언급한 것처럼 기후변화의 피해는 평등하게 찾아오지 않는다. 기후변화의 원인을 만든 것은 상대적으로 부유한 북반구의 나라들인 반면, 큰 피해를 안게 되는 나라들은 대부분 남반구와 적도 주변의 가난한 나라들이다. 기후불평등이라고 부르는 이 현상에서 우리나라 역시 자유롭지 않다. 이는 우리나라의 어린이와 청소년들이 기후변화에 대해 좀 더 관심을 가져야 하는 이유이기도 하다.

북극이 녹으면 북극 항로가 열린다고?

북극은 육지가 없이 바다로 이루어져 있지만 북극점 주변으로 광대한 얼음 덩어리가 위치하기 때문에 배가 다닐 수 없다. 일부에서는 앞으로 북극 얼음이 더 줄어들면 쇄빙선이 없어도 1년 내내 북극을 가로질러 아시아와 유럽 사이를 항해할 수 있게 되어 물류 운송 효율이 극대화될 것이라는 기대도 나온다. 예를 들어 부산에서 유럽까지 배를 타고 가는 경우 기존대로 지중해와 홍해를 잇는 수에즈 운하를 통해 가면 약 24일간 2만 1,000㎞를 이동해야 한다. 그런데 러시아 북동부의 캄차카 반도와 북극해를 지난다면 약 14일간 1만 2,700㎞만 이동하면 된다. 일정은 물론 연료비 등도 줄일 수 있다는 것이다.

그러나 이는 북극 얼음이 녹아서 생기는 전 지구적인 피해와 비교하면 미미한 이익에 불과하다. 그리고 많은 수의 배가 북극 항로를 지나게 되면 북극해의 환경 오염은 물론이고 북극 얼음이 녹는 속도를 더 빠르게 만들 것이라는 우려도 있다.

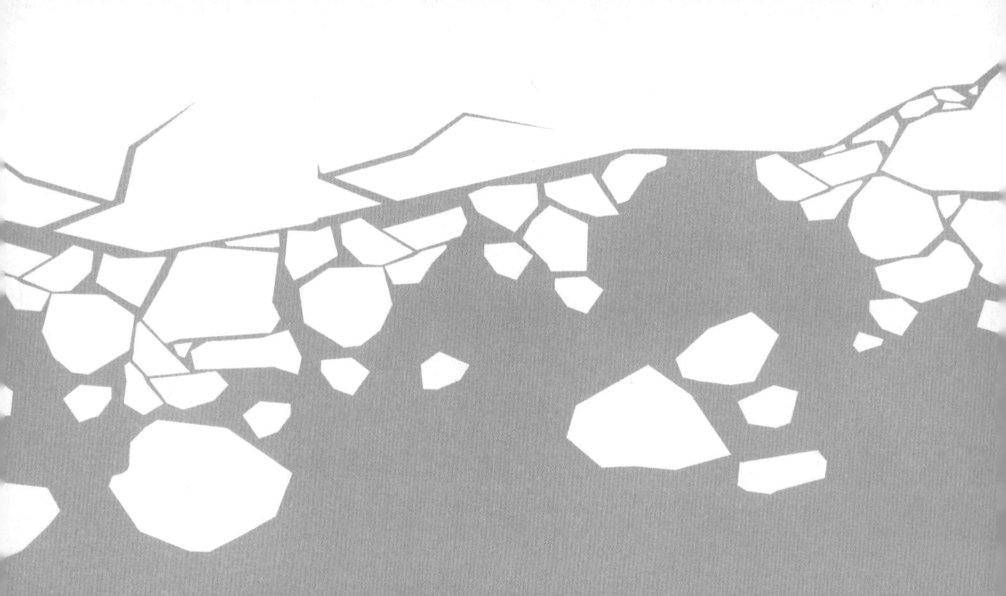

3

미세플라스틱의 역습

바다거북아, 미안해

바다거북의 눈물

기후변화를 상징하는 동물이 북극곰인 것처럼, 플라스틱 쓰레기로 인한 바다의 오염을 상징하는 동물은 바다거북이다. 바다거북은 바다에 떠다니던 쓰레기를 먹이로 오인해 섭취하는 바람에 비참한 죽음을 맞는 경우가 많다. 특히 플라스틱 오염이 심각한 우리나라에서는 플라스틱 쓰레기로 인해 폐사하는 바다거북이 많다.

2018년 4월, 충남 서천의 국립생태원 지하의 부검실에서 폐사한 바다거북 사체의 부검이 진행되었다. 사실 바다거북은 우리나라에 서식하는 대형 해양 생물이자 보호 대상 생물로 지정된 종이지만 아직 그 생태는 잘 알려져 있지 않다. 이날 부검은 국립해양생물자원관과 국립생태원 등 국내 여러 전문기관 연구진과 수의사 등이 공동으로 참여해 바다거북에 대한 과학적이고 체계적인 연구를 진행하기 위해 마련된 자리였다. 필자처럼 그날 처음으로 바다거북 사체의 내부를 들여다본 이들은 놀라지 않을 수 없었다. 바다거북의 소화기는 심하게 꼬인 상태였는데, 그 원인은 다름 아닌 플라스틱 쓰레기였다. 섭취한 지 얼마 되지 않았는지 글자를 알아볼 수 있는 비닐 재질 전단지도 들어 있었다.

국립해양생물자원관의 2019년 8월 발표에 따르면 2017~2019년 사이 부검을 실시한 바다거북 중 소화기관 내부를 확인하는 것이 가능했던 20개체 모두에서 개체당 평균 15.5개에 달하는 플라스틱 쓰레기가

국립해양생물자원관 연구진이 폐사한 바다거북을 부검하기 전 신체 치수를 측정하고 있다.

폐사한 바다거북의 몸에서 나온 플라스틱 쓰레기들.

발견되었다. 특히 한 개체에서는 무려 54개의 크고 작은 플라스틱 쓰레기가 무더기로 확인되었다. 이러한 수치는 국내 연안에 찾아오는 바다거북 대부분이 일상적으로 플라스틱 쓰레기를 섭취하고 있음을 의미한다. 바다거북들은 해파리를 즐겨 사냥하는데, 바다에 떠다니는 폐비닐을 해파리로 오인해 섭취하는 경우가 많은 것으로 추정된다. 또 낚시꾼들이 바다에 버린 낚싯줄과 버려진 뒤 마모돼 점점 작아지는 스티로폼 등이 바다거북을 포함한 해양 생물들의 생존을 위협하는 요인이 되고 있다.

미세플라스틱과 바다거북

바다거북은 플라스틱 재질의 쓰레기를 섭취하는 바람에 목숨을 잃기도 하지만 미세플라스틱 오염으로 인해 생존에 위협을 받고 있기도 하다. 사실 지구에 살고 있는, 또는 살았던 다양한 생물들은 항상 다종다양한 위협에 노출되어 있지만 플라스틱으로 인해 바다거북이 받고 있는 위협은 지금까지 존재한 적이 없었던 독특한 위협이다.

미국 플로리다주립대학교 연구진은 미세플라스틱으로 인해 해안 모래가 변화하면서 바다거북의 번식에 위협을 주고 있다는 연구 결과를 발표했다. 연구진은 멕시코만 북부 해변에서 멸종위기종인 붉은바다거북의 주요 부화장소 10곳을 조사했는데, 이들 지역에서 채취한 모래에는 미세플라스틱이 포함되어 있었다. 여기서 문제가 된 것은 온도가 상승할 경우 모래에 비해 플라스틱이 더 많은 열을 축적하는 성질을 지니고 있다는 점이었다. 바다거북의 성별은 부화 시의 온도에 의해 결정되는데, 미세플라스틱으로 인해 모래의 온도가 상승하면서 바다거북 새끼들의 성 비율이 한쪽으로 몰리게 된 것이다. 이는 해당 지역 바다거북 개체수를 급격히 감소시키고, 나아가 멸종을 앞당기는 요인이 될 수도 있다.

이처럼 바다거북으로 대표되는 생태계가 플라스틱의 위협을 받게 된 것은 현대 인류에게 플라스틱이 필수불가결한 존재가 되었기 때문이다.

플라스틱은 제품 원료나 포장재로서 탁월한 장점, 즉 다른 소재가 따라오기 힘든 내구성과 편리성을 지니고 있다. 플라스틱이 대체가 어려운 존재로 자리잡으면서 일부 학자들은 지구의 지질 시대가 현세(홀로세)를 넘어 인류세로 접어들었다고 주장하기도 한다.

수십만 년 후, 또는 수백만 년 후 인류의 후손이 현재 지층에 대해 연구한다면, 또는 인류가 멸종되고 다른 지적 존재가 나타나 인류에 대해 연구한다면 그들은 현세의 특징을 무엇이라고 생각하게 될까? 일부 학자들이 인류세의 대표적인 특징으로 거론하는 플라스틱의 시대라고 규정하지 않을까? 그리고, 그들은 인류에 대해 백여 년이라는 아주 짧은 기간 동안 지구 생태계를 망치다 못해 스스로 멸종하고 만 어리석은 생물들이라고 비웃을지도 모른다.

인류세(anthropocene, 人類世) 선캄브리아대, 고생대, 중생대, 신생대로 이어지는 지구의 지질 시대 구분에 따라 현재의 시대를 현세(홀로세)라고 부른다. 그런데 현재의 지질 시대가 인류의 영향으로 인해 새로운 시기로 넘어갔다는 의미를 담아 만들어진 용어다. 1995년 노벨 화학상을 받은 네덜란드의 화학자 파울 크뤼천이 2000년에 처음 제시했다. 인류세를 주장하는 전문가들은 대체로 최초의 핵실험이 실시된 1945년쯤부터 인류세가 시작된 것으로 보는 경우가 많다. 각 지질 시대에는 '골든스파이크'라고 불리는 시작점 또는 측정 지표가 있는데, 인류세를 주장하는 과학자들은 현재 인류가 만들어 낸 부산물 중 방사성 물질과 플라스틱, 닭뼈, 콘크리트, 대기 중의 이산화탄소 등이 인류세의 가장 큰 특징이라고 보고 있다(닭은 전 세계에서 한 해에 무려 600억 마리가량 소비되고 있는데 이로 인해 지구 곳곳의 수많은 매립지에서 닭뼈가 화석이 되고 있다는 주장을 펼치는 이들도 있다). 세계 각국의 과학자들로 이루어진 '인류세 워킹그룹'은 2016년 열린 국제지질학회에서 "지구가 인류세로 접어들었다"고 선언하기도 했다. 다만 인류세는 아직 학계에서 공인된 개념은 아니다.

국립해양생물자원관 연구진이 바다거북을 방류하고 있다.

해양 쓰레기와 미세플라스틱이 가득한 우리나라

국립해양생물자원관에서는 멸종 위기에 처한 바다거북의 복원을 위해 매년 여름 어린 바다거북들을 바다에 방류하고 있다. 방류하는 바다거북에는 GPS장치를 부착해 이동 경로를 추적하며 바다거북이 어떤 먹이를 먹고, 어떻게 이동하는지 등의 생태를 연구하고 있다. 그런데 2018년 8월 제주도에서 방류한 수족관 출신의 3년생 바다거북이 방류 11일 만에 부산 바닷가에서 죽은 채로 발견되었다. 연구진들이 부검을 해 보았더니 바다거북의 몸에서는 무려 225개의 해양 쓰레기가 확인되었다. 수족관에서 자라 방류되기 전까지는 해양 쓰레기에 전혀 노출되지 않았다는 점을 감안하면 11일 동안 제주 바다와 남해안에서 먹은 쓰레기가 이만큼에 달했던 것이다.

이처럼 우리나라는 심각한 플라스틱 오염에 처해 있다. 우리나라 사회가 플라스틱 오염의 피해자인 동시에 가해자이기도 하다는 점을 감안하면 우리는 그만큼 다른 나라보다 빠르게 플라스틱 의존에서 벗어나기 위한 변화를 시도해야 한다. 바다거북으로 대표되는 생태계뿐 아니라 우리 모두의 멸종을 막기 위해서도 말이다.

다행히 2018년 우리나라 사회를 떠들썩하게 했던 '폐기물 대란' 이후 반성의 목소리들이 들려오기 시작했다. 플라스틱 빨대를 쓰지 말자

바다에 떠다니던 쓰레기들이 모래사장으로 밀려와 있다.

거나, 카페 매장 내에서는 일회용 컵 대신 유리컵이나 머그잔을 쓰자는 등의 분위기가 사회적인 공감대를 얻고 있다. 정부도 마트나 슈퍼마켓에서 비닐 포장을 금지하는 등의 조치를 취했고, 시민들도 이에 호응하고 있다.

하지만 플라스틱을 기반으로 한 소비문화를 근본적으로 변화시키지 않는다면 플라스틱 쓰레기의 양을 일부 줄일 수 있을지는 몰라도 플라스틱이 산과 들, 바다를 뒤덮는 현실을 바꾸기는 쉽지 않아 보인다. 우리 사회가 플라스틱 기반의 생활 문화를 한 순간에 버리는 것 역시 불가능에 가까울 것이다. 그럼에도 불구하고 진정으로 변화를 원한다면 불가능을 가능하게 만들 정도의 강한 의지를 보일 필요가 있지 않을까? '탈플라스틱'이라는, 불가능해 보이는 목표를 세우기라도 해야 플라스틱을 사용하지 않을 수 있는 세상을 만들 수 있는 가능성이 0.1%라도 생기지 않을까? 그런 목표조차 세우지 않는다면 인류가, 또는 우리 사회가 플라스틱에서 벗어나는 일은 영원히 일어나지 않을 것이다.

당장 이런 변화를 일으키는 것이 어렵다면 무엇을 할 수 있을까? 우선 자연으로 버려지는 플라스틱 쓰레기의 양을 획기적으로 줄이는 것이 중요할 것이다. 현재는 지나치게 많은 플라스틱이 재활용되지 않은 채 버려지고 있기 때문이다. 2016년 한 해 동안 전 세계에서 생산된 플라스틱은 약 3억 3,500만 톤에 달했는데, 그해 재활용되거나 매립하기 위해 회수된 플라스틱은 전체의 80.9% 정도인 2억 7,100만 톤에 불과했다. 탈 플라스틱의 시작은 이렇게 막대한 양의 플라스틱이 자연에 마구 버려지지 않도록 하는 것에서부터일 것이다. 다음 장에서는 플라스틱의 오염이 얼마나 심각한지, 또 인류를 어떻게 위협하고 있는지를 살펴보려 한다. 위험을 깨닫고, 변화의 필요성을 인식하는 것은 곧 위험으로부터 벗어나기 위한 첫걸음이 될 것이기 때문이다.

인류를 위협하는
거대 쓰레기섬

태평양의 쓰레기섬

"한반도 7배가 넘는 크기의 거대 쓰레기섬이 태평양 위를 떠다니고 있다."

태평양에 거대한 쓰레기섬이 있다는 이야기를 누구나 한 번쯤 들어보았을 것이다. 해양 오염의 심각성을 일깨우는 매우 중요한 이야기이지만 사실 많은 이들을 오해하게 만드는 내용을 담고 있다. 바로 '섬'이라는 표현 때문인데, 대부분의 사람들은 바다 위에 쓰레기들이 뭉쳐 육지처럼 보이는 '섬'이 있다고 생각하게 된다. 태평양에 거대한 쓰레기

지대, 특히 대부분 플라스틱으로 이루어진 쓰레기가 모인 곳이 있고, 이것이 바다에 떠다니고 있는 것은 사실이지만 우리가 흔히 생각하듯 섬의 형태는 아니다.

1997년 북태평양에서 처음 쓰레기섬을 발견한 찰스 무어 선장은 저널리스트인 커샌드라 필립스와 함께 쓴 책, 〈플라스틱 바다〉에서 자신이 발견한 쓰레기섬을 '바다 한가운데의 플라스틱 수프'라고 묘사했다. 그는 해양 관측선을 타고 하와이에서 캘리포니아로 항해하다 '아열대 무풍대'라고 알려진 곳에서 쓰레기섬을 처음 발견했다.

> 나는 이 잔잔한 '그림 같은 바다'에 뭐랄까, 쓰레기 같은 게 널려 있는 것을 눈치챘다. (중략) '아무래도 대부분 플라스틱 같은데.' 이상하기도 하고 그럴 리가 하는 생각도 들었다. (중략) 낮이고 밤이고 하루에 몇 번을 내다봐도 플라스틱 조각이 물 위로 떴다 잠겼다 하는 모습을 몇 분 안에 볼 수 있었다. (중략) 당시 우리가 마주친 것은 (진실을 치장하려고 미디어가 꾸며댄 것처럼) 쓰레기 산이나 쓰레기 섬, 쓰레기 뗏목, 쓰레기 소용돌이는 아니었다. 이후 이곳은 '태평양 거대 쓰레기 지대'라고 불리게 되지만 이것은 사용하기에 무척 편리한 용어일 뿐 그곳의 상황을 제대로 표현하는 것은 아니다. 그곳의 실체는 그때나 지금이나 묽은 플라스틱 수프라는 표현이 맞다. (중략) 나는 플라스틱 대륙을 발견한 현대판 콜럼버스가 아니다. 나는 태평양 북동부의 이 거대한 지역 전체에 흩어진 플라스틱 조각들이 둥둥 떠 있음을 발견한 사람이다.

찰스 무어가 '묽은 플라스틱 수프'라고 표현한 태평양의 거대 쓰레기 지대 역시 인류가 만든 플라스틱 문명의 대표적인 부산물이다. 이 거대 쓰레기 지대는 하와이와 미국 본토 사이 북태평양의 '아열대 환류'라 불리는 곳에 있다. 바람이 불지 않아 보통은 배들이 지나지 않는 곳인데, 무어 역시 평소의 항로에서 벗어난 덕분에 우연히 이 쓰레기 지대를 발견할 수 있었다. 이곳에는 북아메리카는 물론 아시아에서 버려진 쓰레기들까지 모여 거대한 쓰레기 지대가 형성돼 있다. 과학자들은 이곳 쓰레기의 90%가 플라스틱류일 것으로 추정하고 있다.

북태평양에만 쓰레기 지대가 있는 것은 아니다. '플라스틱 수프'를 발견한 무어는 이후 환경운동가가 되었는데, 그는 2017년에도 남태평양에서 또 다른 쓰레기 지대를 발견했다. 남태평양 쓰레기 지대의 면적

해양 쓰레기가 몰려온 해변에서 국제환경단체 그린피스 회원들이 캠페인을 하고 있다.

은 한반도의 7~11배에 달하는 것으로 추정된다. 2011년 3월 11일 발생한 동일본대지진 당시에도 일본을 덮친 쓰나미로 인해 육지에 있던 다양한 물체들이 바다로 쓸려나가면서 거대한 쓰레기 지대가 생긴 바 있다. 과학자들은 북태평양이나 남태평양, 쓰나미 쓰레기 지대보다 작은 규모의 쓰레기 지대들이 지구의 바다 곳곳에 존재할 것으로 추정하고 있다.

인류 모두의 합작품이라 할 수 있는 이러한 해양 쓰레기들은 생태계에 치명적인 악영향을 끼치고 있다. 과학자들의 연구 결과를 종합해 보면 플라스틱 쓰레기는 연간 약 100만 마리의 바닷새와 10만 마리의 해양 포유류를 죽이고 있다. 이 중 우리나라에서 배출한 쓰레기는 어느 정도의 영향을 미치고 있을까?

우리나라의 해양 쓰레기는?

우리나라의 생명다양성재단과 영국 케임브리지대학교 연구진은 우리나라의 플라스틱 쓰레기가 해양 동물에 미치는 영향에 대해 공동으로 연구를 진행해 2019년 그 결과를 발표했다. 우선 우리나라의 쓰레기 처리 방식 및 쓰레기가 바다로 퍼져나가는 경로를 분석하고, 이 쓰레기를 해양 동물들이 얼마나 섭취하는지를 추산했다. 우리나라에서 배출되는 플라스틱 쓰레기의 양은 연간 약 612만 톤으로, 우리나라 사람 한 명이 연간 132.7㎏의 플라스틱을 배출하는 셈이다. 이는 전 세계 3위에 해당하는 수치였는데, 포장용 플라스틱으로만 따지면 2위에 해당한다. 우리나라의 플라스틱 쓰레기에는 테이크아웃 컵, 배달음식 용기 등이 큰 비중을 차지하기 때문이다. 이들 쓰레기는 바다를 통해 지구 곳곳으로로 퍼져나간다.

지구의 바다 전체에는 약 5조 개의 플라스틱 조각이 있는 것으로 추정된다. 학자들은 그 무게만 해도 약 27만 톤 정도가 될 것으로 추산한다. 연구 결과에 따르면 이 가운데 우리나라에서 나온 쓰레기는 약 300억 개(1,500톤) 정도로 파악되는데, 플라스틱 쓰레기로 인해 죽음을 맞는 동물의 수를 계산해 보면 우리나라에서 버린 플라스틱 쓰레기로 해마다 약 5,000마리의 바닷새와 약 500마리의 해양 포유류가 죽음에 이른다는 결과가 나온다.

연구진은 현존하는 모든 바다거북 종이 해양 쓰레기를 먹거나 몸이 플라스틱 등에 엉켜서 고통 받고 있으며, 해양 포유류 54%, 바닷새 56%가량이 해양 쓰레기로 인해 고통 받고 있다고 설명했다. 해양 쓰레기의 92%가 플라스틱인데, 이 비율은 점점 증가하고 있다. 어류의 경우에는 약 3분의 2가 플라스틱 섭취로 인한 피해를 입고 있다.

바다에 떠다니는 쓰레기는 생태계에 치명적인 악영향을 끼친다.

환경호르몬 문제도 심각해요

플라스틱으로 인한 해양 생물들의 피해는 단순히 소화기에 문제를 일으킨다거나 그물에 엉켜 부상을 입고, 죽음에 이르는 등 물리적인 것만이 아닌 것도 문제다. 바로 플라스틱에서 나오는 유해화학물질 때문이다. 최근의 연구 결과에 따르면 흔히 환경호르몬이라고 불리는 내분비계교란물질이 돌고래의 몸에서도 확인되고 있다. 돌고래는 특히 어류보다 체격이 크고, 먹이사슬의 최상단에 자리한 경우가 많아 체내에 쌓이는 유해물질도 많은 것으로 추정된다.

미국 찰스턴대학교와 시카고 동물학협회의 연구진은 야생 돌고래의 환경호르몬 노출에 대해 연구했다. 연구진은 2016~2017년 사이 미국 플로리다 주 새러소타 만에 사는 야생 병코돌고래 17마리의 소변 샘플을 채취해 분석한 결과 12마리에서 1종류 이상의 프탈레이트를 발견했다. 프탈레이트는 플라스틱을 부드럽게 만들기 위해 사용하는 물질로,

---

프탈레이트 비스페놀, 파라벤 등과 함께 대표적인 내분비계교란물질로 꼽히는 물질이다. 내분비계교란물질은 인체의 호르몬과 비슷한 구조를 이루고 있어 체내에 들어가면 호르몬을 대체하면서 악영향을 미친다. 이런 이유로 흔히 환경호르몬이라고 불리기도 한다. 주로 생식 기능에 문제를 일으키는데, 최근에는 암, 뇌종양, 비만 등의 질병과도 관련이 있다는 연구 결과가 나오고 있다. 과학자들은 특히 물리적인 손상이 생기거나 노후화된 징후가 나타난 플라스틱 제품에서 내분비계교란물질이 유출될 가능성이 높다고 경고한다. 플라스틱 제품을 사용할 수밖에 없다면 오래된 제품이나 손상이 생긴 제품은 피해야 한다는 것이다.

물질명	인체 영향	노출 경로
비스페놀	암 유발, 생식 신경 면역계 영향, 비만, 심혈관계 영향, 남성 정자 수 감소, 간 손상, 유아 시절 노출되면 주의력 결핍 및 과잉행동 등 영향	플라스틱 용기, 감열식 영수증, 종이컵 등
프탈레이트	남성 생식 기능 저하, 간 심장 신장 폐 혈액에 유해, 장시간 노출 시 중추신경계 기능 장애	화장품, 개인위생용품, 플라스틱 제품, 주방 및 화장실 세제, 바닥재 등
파라벤	내분비계 교란, 생식 기능 저하, 암 유발, 피부 손상 유발	화장품, 식품, 의약품 등(주로 액체 제품에 살균성 보존제로 첨가)

내분비계 교란물질의 인체 영향과 주요 노출 경로.

우리가 사용하는 플라스틱 제품에 두루 쓰인다. 하지만 인체에 흡수될 경우 내분비계 기능 장애를 일으키고 생식 기능을 저하시키는 물질로 알려져 있다.

연구진은 일부 돌고래에서 사람에게 검출되는 것과 비슷한 수준의 고농도 프탈레이트가 확인되었다고 밝혔다. 야생 돌고래에서 높은 농도의 프탈레이트가 검출되었다는 것은 해양 생태계의 플라스틱 오염이 그만큼 심각하다는 의미이다. 사람은 플라스틱 용기나 화장품 등 일상적으로 프탈레이트에 노출되고 있어, 많고 적음의 차이만 있을 뿐 누구에게서나 체내에서 프탈레이트가 쉽게 확인된다. 하지만 바다에 사는 돌고래가 프탈레이트에 어떻게 노출되는지는 아직 알려져 있지 않은 상태다. 게다가 포식자인 돌고래가 프탈레이트에 오염됐다는 것은 돌고래의 먹잇감인 해양 생물들도 이 물질에 노출됐을 가능성이 매우 높음을 의미한다. 이 물질이 돌고래들의 생식 기능에 영향을 미칠 경우 미래 돌고래 개체 수를 감소시키는 결과를 낳을 수도 있다. 병코돌고래는 제주도에 서식하는 남방큰돌고래와 같은 종의 돌고래이다.

거대 쓰레기 지대부터 바닷새와 해양 포유류의 죽음, 돌고래의 환경호르몬 노출은 모두 자연적으로는 일어나지 않았을 현상이다. 전 인류의 합작품이라 할 수도 있는 이 비참한 일들을 통해 우리가 플라스틱을 사용하고, 무심코 버린다는 것이 얼마나 지구 생태계에 심각한 영향을 미칠 수 있는지 다시 한번 생각해 봐야 하지 않을까?

지구의 목을 조르는
미세플라스틱

150년 만에 지구를 바꾼 플라스틱

플라스틱은 지구에 나타난 지 고작 150여 년밖에 지나지 않은 물질이다. 최초의 플라스틱은 상아의 대체품을 찾으려는 과정에서 만들어진 것으로 알려져 있다. 값비싼 상아 대신 당구공으로 쓸 재료를 찾다가 최초의 플라스틱이라고 할 수 있는 셀룰로이드가 발명된 것이다. 이후 셀룰로이드는 완구, 학용품, 카메라 필름 등으로 널리 사용되었는데, 열을 가하면 쉽게 부드러워지는 성질로 인해 현재는 다른 플라스틱에 자리를 내준 상태다. 셀룰로이드에 이어 발명된 다양한 합성수지들을 통칭하는 말이 바로 플라스틱이다.

짧은 역사에도 불구하고 플라스틱은 인간을 포함한 지구 생태계 전체를 심각하게 위협하는 존재로 떠오르고 있다. 미생물에 의해 자연적으로 분해되지 않는 특징은 플라스틱이 널리 사용되도록 만든 최대 장점이었지만, 이는 버려진 플라스틱의 최대 단점이 되기도 했다. 플라스틱은 땅에 묻어도 수백 년간 썩지 않고 매우 천천히 마모되는 경우가 많은데, 그 결과 육지와 바다는 물론이고 공기까지 미세플라스틱으로 오염되고 있다.

미세플라스틱이란 인간이 만들어 낸 플라스틱이 서서히 마모되면서 생성된 작은 조각이다. 아직 학술적으로 명확하게 정의되어 있지는 않지만 일반적으로는 미국 해양대기청의 정의에 따라 지름 5㎜ 미만의 아주 작은 플라스틱 입자를 미세플라스틱이라고 부른다. 미세플라스틱은 토양과 하천을 지나 바다로 흘러들어 세계 곳곳을 오염시키고 있다. 과학자들의 추산에 따르면 현재 바다 위를 떠다니는 미세플라스틱 조각의 수는 무려 51조 개에 달한다. 인간이 만들어내기 전까지 자연에 존재하지 않았던 미세플라스틱이라는 물질이 지구 생태계는 물론 인류를 위협하고 있는 것이다. 어류와 패류 등 해양 생물의 체내에 축적된 미세플라스틱은 다양한 해양 생물들은 물론 이들 생물을 먹는 최종 포식자인 인간에게까지 도달하기 때문이다.

미세플라스틱으로 인한 생태계의 교란은 우리의 생각보다 훨씬 심각한

해양 생물들은 플라스틱을 먹이로 착각해 먹고서는 배출하지 못해 죽어 간다.

상황이다. 미국 해양대기청 등 국제공동연구진이 하와이 서쪽 약 1,000㎞ 해상에서 플랑크톤 채집 및 원격 탐사를 실시한 결과 어린 물고기들이 바다에 부유하는 미세플라스틱 입자들을 먹이로 착각해 섭취하고 있는 것으로 밝혀졌다. 해당 수역은 먹이가 풍부해 알에서 깨어난 어린 물고기들이 몰리는 곳인데, 연구 결과 이곳의 미세플라스틱 농도는 육지 근처보다 무려 126배가량 높은 것으로 나타났다. 태평양의 거대 쓰레기 지대보다도 8배가량 높은 농도였다. 연구진에 따르면 이 수역에서 발견되는 미세플라스틱은 대부분 1㎜ 미만 크기였다. 어린 물고기들은 이처럼 작은 플라스틱을 먹이로 착각해 섭취하고 있었고, 연구진이 확인한 물고기 중 약

10%가량의 체내에서 미세플라스틱이 확인되었다.

물고기들이 새끼 때부터 플라스틱을 섭취하고 있다는 것은 앞으로 해양 생태계와 생물다양성에 큰 문제가 발생할 수 있음을 의미한다. 또한 어린 물고기가 섭취한 플라스틱은 작은 물고기와 더 큰 물고기로 이어지는 먹이사슬을 거쳐 사람의 몸 안에 축적된다.

우리가 매일 미세플라스틱을 먹는다니

국제환경단체 그린피스는 2019년 지중해 어부들이 포획한 황새치, 참다랑어 등의 어류 121마리를 분석한 결과 약 18.2%에 해당하는 물고기들에서 플라스틱 조각이 나왔다고 밝혔다. 또 북태평양에서 포획한 어류 27종 141마리 중 9.2%의 물고기에서 플라스틱이 발견되었다. 북해에서 잡은 바닷가재에서는 무려 83%에서 플라스틱이 나왔고, 브라질과 중국의 홍합은 물론 대서양에서 양식되는 굴 등에서도 플라스틱이 검출되었다.

우리나라 바다의 미세플라스틱 오염도가 세계 최악 수준임을 감안하면 우리나라에서 잡힌 어류도 플라스틱 오염을 피하지 못했으리라는 것을 추측할 수 있다. 지중해나 북태평양, 북해 등의 물고기들보다 우리 바다의 물고기들이 더 심하게 오염됐을 가능성도 있다.

그렇다면 우리는 대체 미세플라스틱을 얼마나 먹고 있을까? 세계자연기금은 호주 뉴캐슬대학교 연구진과 함께 사람이 얼마만큼의 미세플라스틱을 먹고 있는지 연구했는데, 한 사람이 일주일 동안 삼키게 되는 1㎜ 이내의 미세플라스틱 입자가 약 2,000개에 달한다는 결과가 나왔다. 이 같은 입자를 무게로 환산하면 신용카드 한 장 정도인 5g에 달하고, 연간으로 따지면 한 사람당 약 250g의 플라스틱을 섭취하는 것으로 나타났다. 연구진은 이 중 상당수가 음용수, 즉 식수를 통해 사람의 몸속으로 들어온다고 설명했다. 물을 통해 사람들이 섭취하는 미세플라스틱만 해도 일주일 평균 1,769개에 달한다는 것이다.

실제 다른 연구결과들을 보면 물고기는 물론 인류 대부분이 매일같이 접할 수밖에 없는 수돗물과 생수 등도 미세플라스틱에 오염된 것으로 확인된다. 뉴욕주립대학교 연구진이 2018년 3월 미국, 브라질, 중국, 인도 등에서 시판되는 생수 250개를 조사한 결과 무려 93%에서 미세플라스틱이 발견되었다. 이름만 대면 알 만한 유명 브랜드 생수에서도 미세플라스틱이 확인되었으며, 평균적으로 생수 1리터당 10.4개의 미세플라스틱 조각이 함유되어 있다는 결과가 나왔다. 우리나라에서도 여러 생수에서 미세플라스틱이 검출된 바 있다.

생수뿐 아니라 많은 사람들이 차를 우려내는 티백에서도 다량의 미세플라스틱이 나오는 것으로 확인되었다. 캐나다 맥길대학교 연구진이 2019년 9월 발표한 연구 결과에 따르면, 끓는 물에 티백을 넣고 차를 우릴 경우 미세플라스틱 입자가 무려 116억 개나 검출되고 그보다 더 작은 나노플라스틱 입자도 31억 개가 나오는 것으로 나타났다.

하지만 아직 이 같은 미세플라스틱이 인체에 어떤 영향을 미치는지는 명확히 밝혀지지 않은 상태다. 과학자들은 인류가 만들어 낸 미세플라스틱이 인간은 물론 다양한 생물들에게 섭취되고 있다는 것까지는 알아냈지만, 아직 어떻게 확산되고 어떤 악영향을 미치는지에 대해서는 밝혀내지 못했다. 특히 인체에 끼치는 피해에 대해서는 더 많은 연구가 필요한 상태다.

지구는 플라스틱으로 뒤덮여 있다!

세계 각국의 과학자들은 미세플라스틱이 토양과 하천, 해양은 물론 대기와 산간지역, 극지방까지 지구 전체를 오염시킨다는 연구 결과를 속속 내놓고 있다. 사실상 지구상에서 미세플라스틱으로부터 자유로운 곳은 어디에도 없는 것이다.

캐나다 토론토대학교 연구진의 연구 결과에 따르면 바다는 물론이고 육지의 담수와 토양에도 미세플라스틱이 널리 확산되어 있는 것으로 확인되었다. 일반적인 예상과는 달리 미세플라스틱이 해양뿐 아니라 육지에도 많이 분포한다는 것이다. 인류가 흙에서 얻는 먹거리 역시 미세플라스틱의 오염에서 자유롭지 않은 셈이다. 사실 담수와 토양의 미세플라스틱 오염이 심각하다는 것은 당연한 이야기라고 할 수도 있다. 연구진에 따르면 바다에서 발생하는 미세플라스틱의 80%는 육지에서 비롯된 것이고, 강이 이들 물질을 바다로 옮기는 주요한 통로 구실을 하기 때문이다. 연구진은 인간의 영향으로 자연에 퍼져 나가는 미세플라스틱이 연간 약 3,190만 톤에 달하고, 이 중 바다로 흘러들어 가는 미세플라스틱이 적게는 480만 톤에서 많게는 1,270만 톤에 이른다고 추산했다.

극지방 역시 미세플라스틱에 오염되어 있다. 독일 알프레드베게너연구소가 2014년 봄부터 이듬해 여름까지 북극해 다섯 곳에서 해빙을 채취해 분석한 결과 놀랍게도 채취한 모든 해빙 조각에 미세플라스틱이 들어 있었다. 연구진은 기후변화로 인해 북극해의 해빙이 빠르게 녹는다면 해빙 안에 갇혀 있던 미세플라스틱이 그만큼 빠르게 바다로 퍼져나가게 될 것이라는 우려도 제기했다. 기후변화가 빨라질수록 바다의 미세플라스틱 오염도 빠르게 증가한다는 것이다. 미세플라스틱으로 인한 생태계 파괴를 최소화하려면 기후변화에 더 적극적으로 대처해야 하는 셈이다.

미세플라스틱은 대기를 통해서도 확산된다. 프랑스 국립과학연구소와 영국 스트라스클레이대학교 등 공동연구진은 프랑스 피레네 산맥의 험난한 산악지대에서 2017년 말부터 5개월간 대기 샘플을 채취해 분석했다. 그 결과 청정할 것만 같았던 높은 산지의 공기에서도 미세플라스

중국 연구진이 남극 바닷물에서 추출한 미세플라스틱.

틱이 검출되었다. 연구진이 분석 대상으로 삼은 지역은 국립공원으로 개발이 제한되어 있는 곳인 데다, 대도시나 산업단지로부터 멀리 떨어져 있는 곳이다. 다른 지역에서 미세플라스틱이 날아오지 않는 이상 자체적으로 발생할 가능성은 낮다. 매우 작은 플라스틱 입자가 바람을 통해서도 이동한다는 사실이 확인된 것은 이 연구가 처음이었다. 정도의 차이는 있겠지만 프랑스뿐 아니라 세계 곳곳의 산악지대가 이미 대기를 타고 이동한 미세플라스틱에 오염돼 있을 가능성이 높다.

우리나라는 더 심각해요

이처럼 미세플라스틱 오염은 특정 지역만이 아닌 지구 전체 생태계를 위협하는 문제로 떠오르고 있다. 그런데 우리나라 사람들은 특별히 더 경각심을 가지는 동시에 책임감을 느낄 필요가 있다. 우리나라 바다의 미세플라스틱 농도가 전 세계에서도 손에 꼽을 정도로 높기 때문이다. 바다에서 수거되는 쓰레기의 양이 빠르게 증가하고 있다는 것 역시 우리나라 사람들이 부끄럽게 생각해야 하는 부분이다.

영국 맨체스터대학교 연구진은 전 세계 해안을 대상으로 미세플라스틱 농도를 조사해 발표했다. 충격적이게도 우리나라의 인천, 경기 해안과 낙동강 하구의 미세플라스틱 농도가 각각 세계에서 두 번째, 세 번째로 높다는 충격적인 결과가 나왔다. 해당 지역에서 어획되는 어패류의 식품 안전성에 대한 의문도 생길 수 있는 상황이다. 정부도 이런 상황을 인지하고 있기 때문에 해양으로 플라스틱 쓰레기가 버려지는 일을 막기 위한 조치들을 마련하고 있다. 정부는 수도권과 부산 근처 바다의 미세플라스틱 오염도가 이렇게 높아지도록 방치한 책임도 져야 한다.

일각에서는 우리나라의 미세플라스틱 오염도가 높은 이유로 우리나라가 오랫동안 쓰레기 해양 투기를 실시했기 때문이라고 지적한다. 우리나라는 1993년 '폐기물 및 기타 물질의 투기에 의한 해양 오염 방지에 관한 협약'인 런던협약에 가입했지만, 준비 부족을 이유로 쓰레기를

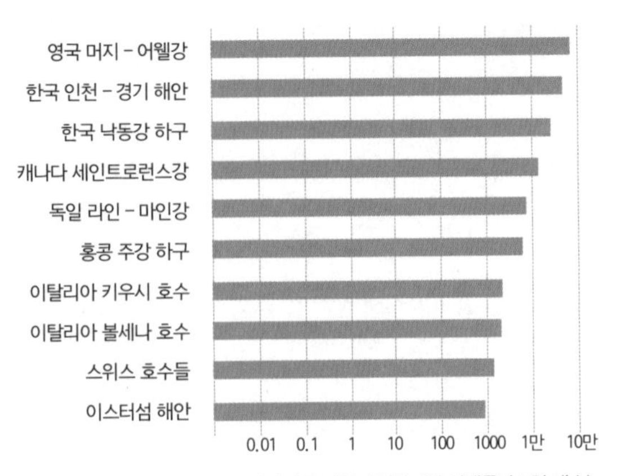

세계에서 미세플라스틱 오염이 가장 심한 지역(1㎡당 미세플라스틱 개수).

계속 바다에 투기해 왔다. 그러다 가입국 중 가장 마지막으로 2016년 1월이 되어서야 쓰레기 해양 투기를 중단했다. 환경단체인 환경운동연합이 추산한 바에 따르면 1988년부터 2015년까지 우리나라가 주변 바다에 버린 쓰레기의 양은 1억 3,388만 톤에 달한다고 한다. 이는 2리터짜리 페트병으로 환산하면 669억 4,050만 개에 달하는 양이다. 어느 정도 양인지 상상하기조차 어렵지만 실제 바다에 버려진 쓰레기는 더 많을 수도 있다. 통계에 잡힌 수치 외에 불법적으로 버려진 쓰레기도 막대할 것으로 추정되기 때문이다.

해양수산부에 따르면 우리나라 바다에서 수거된 해양 쓰레기 역시 계속해서 증가하고 있다. 우리 바다에서 수거된 쓰레기는 2015년 6만 9,128톤, 2016년 7만 840톤, 2017년 9만 4,945톤으로 증가 추세를 보이고 있으며, 2018년에는 12만 403톤까지 늘어난 상태다. 2018년에 수거된 해양 쓰레기는 2013년에 비해 2.5배 가까이 증가한 것으로, 이 중 절반 이상이 플라스틱으로 추정된다.

이처럼 우리는 플라스틱으로 오염된 환경에서 지금도 플라스틱을 먹으며 살아가고 있다. 플라스틱 위주의 소비생활에 작별을 고할 시기는 빠르면 빠를수록 좋을 것이다.

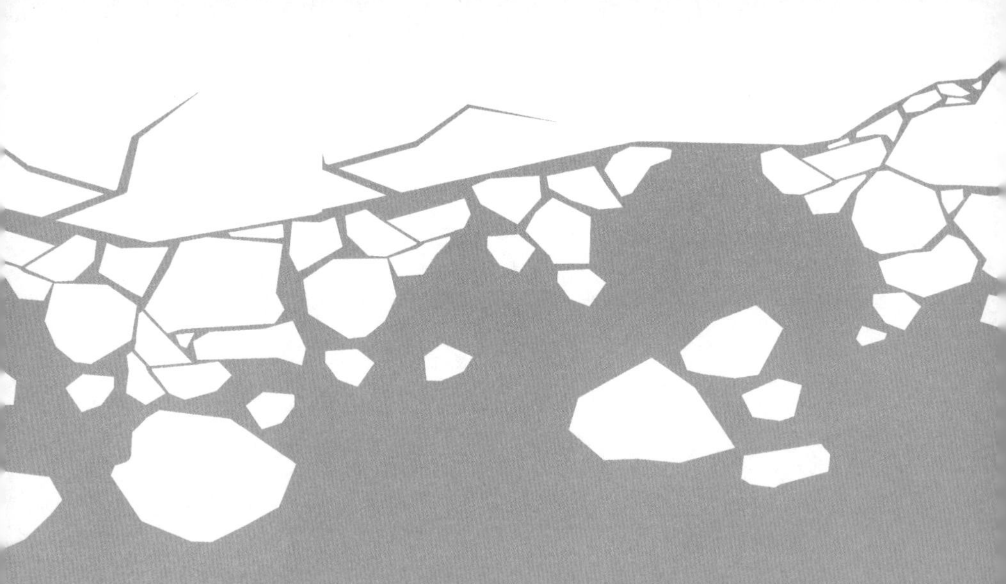

4

지구가 변하고 있어요

점점 뜨거워지는 지구

지구는 얼마나 더워질까?

지구의 기후변화는 날이 갈수록 심각해지고 있는 상황이다. 인류의 활동이 변화를 앞당기고, 그렇게 변화된 요소들이 다음 변화의 촉매제 역할을 하면서 기후변화가 점점 빨라지는 것이다. 이미 인류의 기존 예측을 뛰어넘는 수준으로 기온이 올라가면서 지금까지 예상했던 최악의 시나리오보다 더 심각한 상황이 인류를 위협할 것이라는 암울한 전망이 나오고 있다.

미국 스탠퍼드대학교 카네기연구소 연구진은 인공위성을 통해 관측한 지구 표면 온도의 통계를 이용해 기후변화 모델링을 진행했다. 그 결과, 온도 상승이 지속될 경우 21세기 말에는 유엔 기후변화에 관한 정부 간 협의체(IPCC)가 예측한 최악의 시나리오보다 기온이 약 15% 높아질 것이라는 결론을 내고 이를 2017년 12월 국제학술지 <네이처>에 발표했다.

IPCC가 예상한 최악의 경우는 인류가 온실가스 배출량을 줄이는 노력을 기울이지 않는 상황을 가정한 것으로, 'RCP8.5 시나리오'라고도 부른다. 해당 시나리오에 따르면 지구의 평균 기온은 산업혁명 이전보다 2.6~4.8도 오르는데, 이 경우 해수면이 45~82㎝ 상승하는 등 지구의 상당 부분이 인류가 생존하기 어려운 환경으로 변화한다.

카네기연구소가 예측한 결과는 그보다 15% 정도 높아지는 것이니 약 0.5도의 기온이 추가로 상승하는 셈이다. 0.5도는 평상시 기온으로는 큰 차이를 느끼지 못할 정도이지만, 지구 전체의 연평균 기온이 그만큼 올라간다는 것은 상당히 큰 수치다. 2015년 세계 192개국이 파리 기후변화협약 당사국총회에 모여 이번 세기 말까지 제한하기로 한 지구 전체 평균 기온 상승폭이 산업혁명 이전 대비 1.5도이다. 다시 말해 지구 전체의 연평균 기온이 1.5도 이내에서 오르도록 노력해야만 인류의 미래를 지킬 수 있다는 이야기이다.

2.7도, 2도, 1.5도…

0.5도, 1.5도, 2도처럼 실생활의 기온에서는 거의 구분하기도 힘든 수치에 과학자들은 물론 세계의 정책 결정권자들이 주목하는 이유는 무엇일까? 사실 이 숫자들은 '인류 역사상 가장 중요한 2주일간의 회의'라 불리며 프랑스 파리에서 열린 제21차 기후변화협약 당사국총회에서 뜨거운 관심을 받았던 숫자들이기도 하다. 이 몇 개의 숫자들에 따라 인류 전체의 운명의 달라질지도 모르기 때문이다.

1.5도, 2도에 대해 설명하기에 앞서 2.7도라는 숫자에 주목할 필요가 있다. 이 숫자가 전 세계 언론에 오르내리기 시작한 것은 2015년 10월 유엔이 "세계 각국이 제출한 자발적 감축계획(INDC)대로 온실가스 배출량을 줄여도 유엔의 목표를 달성할 수 없다"고 발표하면서부터다. 유엔은 모든 나라가 INDC를 지키더라도 지구 평균 기온은 2.7도가 상승하게 된다고 전망했다. 파리 기후변화협약 당사국총회를 한 달여 앞둔 시점에서 나온 비관적인 예측이었다.

포츠담기후영향연구소 등 유럽의 기후변화 관련 연구기관 4곳이 공동 운영하는 기후정책 평가 및 분석 기구인 기후행동추적도 각국의 INDC를 분석한 결과 유엔과 같은 수치인 2.7도라는 상승폭을 예견했다.

기후행동추적은 각국이 제시한 INDC를 종합한 결과 2025년의 세계 온실가스 연간 배출량은 52~54Gt CO_2eq(이산화탄소 환산 기가톤)에 달하고, 2030년에는 53~55Gt CO_2eq가 된다고 설명했다. 이는 현재의 연간 배출량인 약 48Gt CO_2eq를 크게 뛰어넘는 수치다. 세계 각국이 자발적으로 세운 감축 계획대로라면 온실가스 연간 배출량은 점점 더 늘어나게 된다는 것이다. 이럴 경우 인류의 온실가스 배출 허용 총량인 1,000Gt CO_2eq, 즉 기온 상승폭을 2도로 억제시키기 위해 넘어서는 안 되는 배출 총량을 넘어설 수밖에 없다. 2도로 억제한다는 목표를 달성하는 것은 불가능해진다는 이야기다.

2.7도가 인류에게 암담한 전망을 주는 숫자라면 1.5도와 2도는 파국을 막기 위한 목표이자 선진국과 후진국 사이의 대립을 상징하는 숫자다. 파리 기후변화협약 당사국총회 전까지 여러 환경단체, 기후변화 대응에 적극적인 유럽연합, 해수면 상승으로 국토가 물에 잠기고 있는 도서국가들은 지구 전체의 평균 기온 상승치를 산업혁명 이전 대비 1.5도 이내로 낮춰야 한다고 주장했다. 그러나 미국과 중국 등은 여기에 강하게 반대했다. 1.5도의 목표를 달성하기 위해서는 미국과 중국처럼 온실가스를 많이 배출하는 나라들이 더 큰 책임을 져야 하기 때문이다. 2013년 발표된 IPCC의 제5차 보고서에 따르면 지구의 평균 기온은 1880년부터 2012년 사이 0.85도 올랐다. 1.5도로 목표를 세울 경우 이번 세기

이산화탄소 환산 기가톤 여러 종류의 온실가스 배출량을, 대표적인 온실가스인 이산화탄소 배출량으로 환산한 값.

Limits
416
·PROPERTY OF·
ADDICTED to
SPORTS
ATHLETIC ACADEMY
adidas

2019년 9월, 국제 기후 파업 주간을 맞아 캐나다 청소년들이 지구온난화 반대 시위를 하고 있다.

말까지 인류는 지구 평균 기온이 0.65도 이상 상승하지 않도록 노력해야 한다. 결국 파리 기후변화협약 당사국총회 합의문에 기온 상승폭 억제 목표를 1.5도로 규정한 것은, 2도의 목표로는 기후 재앙을 막기에 충분하지 않다는 공감대가 국제 사회에 확산되었음을 의미한다.

0.5도가 가져올 무지막지한 변화

이처럼 세계 각국이 0.5도 차이로 갈등을 벌인 이유는 평균 기온 1~2도가 그리 만만히 볼 수치가 아니기 때문이다. IPCC의 제5차 보고서를 토대로 우리나라 기상청이 예측한 바에 따르면 21세기 중반(2046~2065년) 우리나라의 낮 최고 기온은 현재보다 평균 2.3도가량 높아진다. 불과 30년 후에는 여름철 기온이 40도를 넘어서는 곳이 나타날 수 있는 셈이다. 이마저도 온실가스 저감 정책이 상당한 수준으로 실현되는 경우를 가정한 것으로, 저감 없이 현재 추세로 온실가스를 배출하는 경우는 지금보다 3.7도 상승하게 된다. 온실가스 저감 정책이 적극적으로 실행되어도 21세기 중반 우리나라의 열대야 일수는 현재(1986~2005년)의 연평균 2.6일에서 연평균 9.2일로 늘어나고, 폭염 일수는 7.5일에서 11.4일로 증가한다. 현재 추세로 온실가스를 배출한다면 21세기 중반 우리나라 열대야 일수는 15.8일로, 폭염일수는 14.9일로 증가한다.

1도 차이의 의미는 미래 전망이 아닌 IPCC가 밝힌 '133년간 0.85도 상승'이라는 현재까지의 변화에서도 살펴볼 수 있다. 가뭄, 홍수, 해일, 태풍 등 기후재앙의 빈도가 크게 높아진 현재는 19세기 후반보다 평균 기온이 1도도 채 오르지 않았다. 과거와 현재에 대한 비교를 통해 0.5도 차이가 인류의 미래를 바꿔 놓을 수도 있음을 예상해볼 수 있는 셈이다.

앞서 소개했던 스탠퍼드대학교 연구진은 유엔의 기온 상승폭 제한 목표인 1.5도를 맞추기 위해서는 현재 각국이 자발적으로 만들어 유엔에 제출한 온실가스 배출량 감축 목표보다 더 급격한 감축이 필요하다고 지적했다. 세계 각국이 합의한 목표치만으로는 기후변화로 인한 파국을 막을 수 없다는 주장이다. 이 같은 이야기가 힘을 얻으면서 앞으로 화석연료 퇴출과 신재생에너지 확대 노력에 더욱 가속도가 붙을 것이라는 전망도 나오고 있다.

우리 동네가 사막이 될지도 모른다

만약 이런 전망이 실현되지 않는다면 먼 미래 인류의 후손들은 푸른 바다로 덮인 행성이 아닌 사막뿐인 행성에서 생존하기 위해 사투를 벌여야 할지도 모른다. 미국 메릴랜드대학교 연구팀은 1923년 이래 수집된 자료를 분석한 결과, 사하라 사막이 약 100년 동안 10% 이상 넓어졌다고 밝혔다. 기후변화에 따른 온도 상승으로 인해 사하라 주변 지역이 점점 사막화하면서 면적이 늘어난 것이다. 연구진은 사하라뿐만 아니라 세계 다른 사막들에서도 같은 현상이 일어나는 중이라고 설명했다. 육지가 대부분 사막화되고, 민물이 사라져 물이 무엇보다 귀한 자원이 된 지구의 모습은 SF 영화 속에만 볼 수 있는 허구가 아닐지도 모른다. 인류가 기후 위기를 극복하기 위한 근본적인 변화를 일으키지 않는 한 말이다.

RCP 시나리오

유엔 기후변화에 관한 정부 간 협의체(IPCC)는 2013년 발표한 제5차 평가보고서에서 온실가스 농도 변화 및 예측모델에 따라 RCP(Representative Concentration Pathways)라는 미래 시나리오를 발표했다. 이 시나리오는 온실가스 증가 추세에 따라 기후변화가 어떻게 나타날 것인지를 예측한 것인데, 크게 4가지의 미래 시나리오로 나뉜다.

첫 번째 RCP2.6은 인간 활동에 의한 온실가스 생성이 미미해 그 영향이 자연적으로 회복 가능한 경우로, 실현 가능성이 거의 없다고 여겨진다. 두 번째 RCP4.5는 온실가스 저감 정책이 상당히 실현되는 경우, 즉 인류가 온실가스 감축을 위해 노력하는 경우다. 세 번째 RCP6.0은 온실가스 저감 정책이 어느 정도 실현되는 경우이다. 마지막 RCP8.5는 현재 추세대로 온실가스가 배출되는 경우, 즉 인류가 아무런 노력을 기울이지 않는 경우를 말한다. RCP 시나리오의 각 숫자는 태양에너지 복사량을 의미한다.

원시림이 사라진다

사라지고 있는 원시림

기후변화가 계속되어 민물이 사라지고, 지구상의 육지가 모두 사막화되는 과정을 생각해 보자. 우리 주변의 나무들이 사라지고, 산에 사는 식물들도 자취를 감추게 되고, 저 멀리 인간의 손이 닿지 않은 원시림까지 모조리 파괴될 것이다. 숲과 나무는 그대로 흘러가기 쉬운 빗물을 잡아 가두어 인간뿐 아니라 다양한 동물들이 살아갈 수 있는 환경을 만드는 곳이다. 뒤집어 말하면 원시림이 사라진 자리는 더욱 빠르게 사막으로, 불모지로 바뀔 수 있는 셈이다. 그런데 불행하게도 지구의 원시림은 생각보다 훨씬 빠른 속도로 사라지고 있다. 그것도 다름 아닌 인류의 손에 의해서 말이다.

세계자원연구소, 미국 메릴랜드대학교 등의 공동연구진은 2014년부터 2016년 사이 연평균 9만㎢에 달하는 원시림이 사라졌다는 연구 결과를 발표했다. 3년간 사라진 세계 원시림 면적 27만㎢는 남북한 전체 면적의 약 1.23배에 달하는 엄청난 규모이다. 특히 연구진은 2014년부터 2016년까지 원시림이 감소하는 속도가 2001년부터 2013년까지보다 20%가량 빨라졌다고 설명했다.

연구진은 인공위성 사진을 토대로 2000년 이후 전체 원시림의 10% 가량인 약 120만㎢가 벌목, 농지 전용, 화재 등으로 인해 파괴되었다고 분석했다. 21세기 들어 하루에 평균 200㎢의 원시림이 사라진 것이다.

이보다 앞서 2014년에 발표된 미국 메릴랜드대학교 연구진의 논문에 따르면, 2012년 한 해 동안 인도네시아에서는 84만ha의 원시림이, 브라질에서는 46만ha의 원시림이 파괴됐다. 그간 열대우림 최대 보유국이자 최다 파괴 국가로 알려진 브라질보다 인도네시아에서 더 넓은 면적

원시림 사람의 손길, 즉 사람이 거주하거나 개발하는 등의 행위가 이뤄지지 않은 자연 그대로의 삼림. 지구상의 원시림에 대해 연구를 진행한 세계자원연구소와 미국 메릴랜드대학교 등의 공동연구진은 연구진은 원시림을 적어도 500㎢ 면적의 삼림에서 인간의 광범위한 활동으로 인한 흔적이 위성사진을 통해 확인되지 않은 지역으로 규정했다. 즉 도로, 산업형 농지, 철도, 용수로, 송전선 등이 존재하지 않는 삼림을 말한다. 2017년 1월 기준으로 이 정의에 해당하는 삼림은 지구 전체에 1,160만㎢가량 남아 있으며, 국내에는 사실상 원시림이 없다.

의 원시림이 사라지고 있음을 알린 첫 연구 결과였다.

사람의 손길이 미치지 않은 원시림은 대부분 미국, 캐나다, 중국, 러시아처럼 국토 면적이 넓은 나라들과 아프리카, 중남미, 동남아시아 등 상대적으로 개발이 덜 된 나라들에 존재한다. 이 중 저개발국의 원시림은 주로 농지 전용과 벌목 등으로 인해 사라지는 경우가 많다. 반대로 미국과 캐나다 등 선진국에서는 화재로 인해 원시림이 소실되는 경우가 많고, 러시아와 호주 등에서는 화재뿐 아니라 광산 채굴과 에너지자원 개발 등의 명목으로 원시림이 파괴되는 것으로 나타났다. 이러한 원인들로 인해 현재 일부 국가에서는 15~20년 내에 원시림이 완전히 소멸될 가능성도 제기된다. 2030년 즈음에는 파라과이, 라오스, 적도기니 등의 나라에서, 2040년에는 중앙아프리카, 니카라과, 미얀마, 캄보디아, 앙골라 등에서 원시림이 사라질 것으로 우려된다. 세계자원연구소는 "원시림이 사라지는 것은 전 세계의 비극이며, 안정된 기후 환경을 유지하기 위한 중요한 기반을 인간이 조직적으로 파괴하고 있다"고 설명했다.

갈 곳 없는 오랑우탄

사라지는 북극 얼음을 상징하는 동물이 북극곰이라면 점점 사라져가는 원시림, 특히 열대우림을 대변하는 동물은 바로 오랑우탄이다. 영화

수화를 사용한 오랑우탄 찬텍과 새끼 오랑우탄.

<혹성탈출> 시리즈에 등장하는 유인원 가운데 리더인 침팬지 시저의 오른팔이자 어린 유인원들을 가르치는 스승 역할을 맡은 유인원이 바로 오랑우탄이다. 모리스라는 이름을 가진 이 오랑우탄은 서커스단에서 수화를 배운 덕분에 유인원 무리 중에서도 지혜로운 존재로 묘사된다. 영화 속 유인원들은 인간이 만든 약품으로 인해 지능이 발달하면서 언어를 습득했다는 설정이지만 현실에서도 모리스처럼 수화를 배운 오랑우탄이 존재했다. 미국 여키스영장류연구센터와 애틀랜타동물원에서 살다가 2017년 39살로 생을 마감한 오랑우탄 '찬텍'은 수화를 배워 약 150가지 단어를 사용할 수 있었다.

이렇게 인간에 가장 가까운 영장류인 유인원 중에서도 지능이 높은 편인 오랑우탄의 개체 수가 급감하면서 이들을 야생에서 만날 수 있는 날이 얼마 남지 않았다는 우울한 연구 결과가 나왔다. 독일 막스플랑크 진화인류학연구소와 영국 리버풀존무어스대학교 진화인류학 및 고생태연구센터 등 모두 38곳의 연구기관이 참여한 국제공동연구진은 오랑우탄의 대표적인 서식지인 인도네시아 보르네오 섬의 오랑우탄 서식지를 조사했다. 총 3만 6,555곳의 오랑우탄 서식지를 조사한 결과 1999년부터 2015년까지 16년 동안 보르네오 섬의 오랑우탄이 14만 8,500개체가 줄어들었다는 연구 결과를 발표했다. 인도네시아 환경산림부가 2017년 발간한 보고서에 따르면 보르네오 섬의 원시림 16만㎢에 살고 있는 오랑우탄의 수는 5만 7,350개체 정도이니 그 수가 4분의 1 정도로 줄어든 것이다.

연구진은 팜유 농장과 고무나무 농장 등을 만들고 광물과 종이를 얻기 위한 무분별한 열대우림 파괴가 오랑우탄 수 감소의 주요 원인이라고 지목했다. 특히 기름야자 열매와 씨앗에서 추출하는 기름인 팜유는 동남아시아 열대우림 파괴와 야생동물 급감의 주된 원인으로 꼽힌다. 팜유는 과자, 아이스크림, 초콜릿, 라면 등 우리가 매일 먹는 여러 식품과 화장품, 세제, 비누 등에 함유되는 원료이기에 오랑우탄이 급감하는 데에는 선진국 사람들의 생활 패턴에 책임이 있기도 한 것이다. 연구진은 여기에 더해 오랑우탄 멸종에 대한 지역 주민들의 무관심, 그리고 무

인도네시아 보르네오 섬의 열대우림을 파괴하고 조성된 산업시설의 모습.

관심을 넘어선 밀렵과 오랑우탄 도살이 큰 역할을 했다는 주장을 제기했다. 연구진에 따르면 가장 많은 수의 오랑우탄이 사라진 지역은 숲이 완전히 없어진 곳이 아니라 자연 상태가 유지된 숲 또는 일부만 벌목이 진행된 숲이었다. 막스플랑크연구소의 연구진은 “오랑우탄 개체 수의 감소는 열대우림이 파괴되거나 농업용지로 개간된 지역에서 극심했지만 그보다 더 많이 줄어든 곳은 여전히 밀림이 유지되고 있는 곳이었다”고 밝혔다. 숲이 파괴돼 개체가 줄어드는 데다 숲이 남은 곳에서는 인간이 농업 방해 등을 이유로 오랑우탄을 밀렵하면서 개체 수가 더 빨리 줄어들고 있는 것이다.

인간이 가장 큰 적

멸종 위기종을 관리하는 국제기구인 세계자연보존연맹도 이와 같은 문제에 대처하기 위해 오랑우탄을 멸종 위기에 처한 생물 중에서도 '심각한 위기종'으로 분류해 관리하고 있다. 이는 오랑우탄이 야생 상태에서 절멸되기 직전 단계이며 무엇보다도 긴급한 보호 조치가 필요하다는 의미이다. 그럼에도 2018년 2월 초에는 보르네오 섬 동부의 한 호수에서 130여 발의 총탄이 몸에 박힌 오랑우탄이 주민들에게 발견되기도 했다. 중상을 입은 채 발견된 이 오랑우탄의 몸에는 총상뿐 아니라 흉기에 맞은 상처도 있었다. 이 오랑우탄은 즉시 인근 병원으로 옮겨져 치료를 받았지만 이틀 만에 죽고 말았다. 보르네오 섬에서는 목이 잘리고 난자당한 오랑우탄 사체가 발견되는 등 오랑우탄 도살 사건이 빈번하게 일어나고 있다. 주민들이 오랑우탄을 단순히 농업에 방해되는 동물로 간주해 도살하는 것인지, 특별한 문화적 역사적 배경이 있기 때문인지는 아직 모른다.

오랑우탄뿐 아니라 대부분의 유인원들은 서식지 파괴, 밀렵 등으로 인해 멸종 위기에 놓인 상태다. 2017년에는 스위스 취리히대학교 등의 연구진이 인도네시아 수마트라 섬에서 기존의 오랑우탄과는 완전히 다른 종인 타파눌리오랑우탄 약 800개체를 발견했다고 밝혔지만 이미 멸종 위기에 처해 있는 것으로 드러났다. 인도네시아 수마트라 섬의 북쪽

인도네시아 보르네오 섬의 열대우림 개간 현장에서 오랑우탄 한 마리가 포크레인을 막아서고 있다.

고지대에만 사는 이 오랑우탄은 기존의 오랑우탄보다 이른 시기에 아시아 본토에서 건너온 오랑우탄으로 추정된다. 안타깝게도 이 오랑우탄은 발견된 지 얼마 지나지 않아 사라질 수도 있는 비운의 종으로 꼽힌다.

이미 인간의 손에 의해 지구상에서 자취를 감춘 다른 동물들처럼, 오랑우탄이 역사 속으로 사라질지의 여부는 다름 아닌 인간의 손에 달려 있다. 인류 모두가 팜유가 들어간 제품을 거부하거나 소비를 줄임으로써 오랑우탄에 대해 최소한 미안한 마음만이라도 가지게 된다면 오랑우탄의 암울한 미래를 바꿀 수 있지 않을까?

팜유 사용을 줄이면 오랑우탄을 구할 수 있을까?

팜유는 우리의 생각보다 훨씬 다양한 제품에 사용된다. 그렇기에 팜유가 사용된 제품을 먹지 않거나 사용하지 않겠다고 하기는 쉽지 않은 것이 사실이다. 하지만 어렵다고 해서 오랑우탄과 열대우림을 희생해 만들어진 팜유가 사용된 제품들을 그대로 받아들인다면 달라지는 것은 아무것도 없을 것이다.

팜유 사용을 줄이기 위해서는 우선 어떤 제품에 팜유가 들어가는지 확인하고, 해당 제품을 가급적 덜 사용하려는 노력이 필요하다. 다음으로는 이런 노력을 기울이는 개인들이 모여 팜유 사용 제품을 제조하는 기업을 압박할 필요가 있다. 소비자운동만큼 기업들을 변화시키는 데 큰 효과를 발휘하는 움직임은 많지 않다. 실제 외국의 기업 중에는 소비자운동으로 인해 팜유를 사용하지 않는 제품을 만들고, 그 수익금을 인도네시아의 야생동물 서식지 보존 활동에 기부하는 경우도 있다. 우리나라에서는 가습기 살균제 사건 관련 불매운동이나 일본 제품 불매운동 외에는 사회적인 반향을 일으킨 소비자운동이 아직 많지 않다. 하지만 개개인의 작은 실천이 있어야 사회의 큰 흐름도 시작되는 법이다. 지금부터라도 '피로 얼룩진' 팜유가 사용된 제품을 확인하고, 소비를 줄여 보면 어떨까?

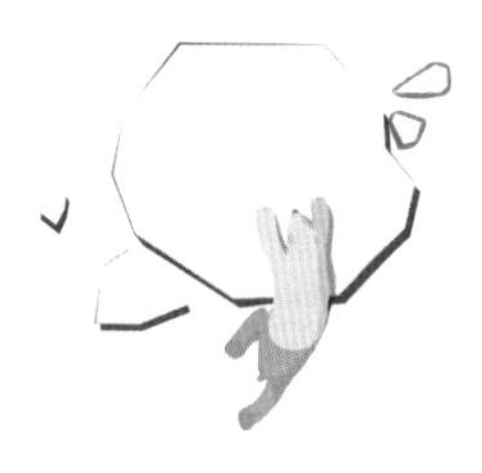

도시숲이 필요해요

작은 도시숲이 필요해요

인류는 물론이고 동물 대다수의 생존을 보장하는 것이 원시림이라면, 대기의 오염으로부터 사람들의 건강을 지킬 수 있는 열쇠로 도시숲을 들 수 있다. 우리가 일상에서 쉽게 접할 수 있는 도시숲이 미세먼지 저감은 물론이고 도시의 대기질 개선에 도움이 된다는 연구 결과도 많

도시숲 도시 내에 자연적이거나 인공적으로 형성돼 있는 숲을 말한다. 도심지 공원, 학교의 녹지, 가로수, 하천이나 호수 등 수변공간의 삼림 등이 모두 도시숲의 범주에 들어간다.

미국 뉴욕의 대표적인 도시숲인 센트럴파크.

이 나오고 있다. 항상 인류에게 무언가를 제공해 온 '아낌없이 주는 나무들'로 이뤄진 숲은 과거부터 현재를 지나 미래에도 인류의 구원자 역할을 할 것으로 보인다.

미국 뉴욕주립대학교와 이탈리아 파르테노페대학교 연구진은 도시숲이 우리에게 주는 가치를 금액으로 환산해 보았다. 연구진은 5개 대륙에서 인구 1,000만 명이 넘는 거대도시 10곳을 선정한 후 현재의 녹지 면적과 잠재적으로 녹지가 될 수 있는 면적, 그리고 해당 녹지로 인한 편익 변화를 추산했다. 그 결과 거대도시 10곳에서 도시숲이 제공하는 사회적 편익은 연간 5억 500만 달러(약 5,404억 원)에 달한다고 발표했다.

대상이 된 10곳의 도시는 중국 베이징, 아르헨티나 부에노스아이레스, 이집트 카이로, 터키 이스탄불, 영국 런던, 미국 로스앤젤레스, 멕시코 멕시코시티, 러시아 모스크바, 인도 뭄바이, 일본 도쿄였다. 이들 도시에는 런던의 세인트제임스파크, 멕시코의 차풀테펙숲 등 유명한 공원과 숲을 포함해 전체 면적의 21% 정도의 도시숲이 있었다. 또한 잠재적으로 도시숲이 될 수 있는 면적은 19% 정도였다. 전체 면적의 40%가량을 도시숲으로 조성할 수 있는 셈이다. 아쉽게도 서울은 연구 대상에 포함되지 않았지만, 전문가들은 서울 역시 이들 거대도시에서처럼 도시숲을 확대할 수 있는 잠재력이 있다고 예상한다.

이들 거대도시의 1인당 도시숲 면적은 약 39㎡로, 전 세계 1인당 녹지 면적 7,756㎡의 0.5% 정도에 불과한 것으로 나타났다. 연구진은 만약 잠재적으로 도시숲이 될 수 있는 19%의 면적을 실제 도시숲으로 조성할 경우 사회적 편익은 85%가량 증가해 약 10억 달러(약 1조 673억 원)에 이를 것이라고 계산했다.

연구진이 추산한 이들 거대도시 도시숲의 사회적 편익 총 5억 500만 달러 가운데 가장 큰 비중을 차지한 것은 미세먼지, 일산화탄소, 이산화질소, 이산화황 등 대기 중의 오염 물질을 줄이는 기능으로, 95%가 넘는 4억 8,200만 달러의 편익이 이러한 기능에서 나오는 것으로 밝혀졌다. 특히 미세먼지와 초미세먼지 저감 효과가 두드러지는데, 초미세먼지 1톤을 저감시킬 때 도시숲이 제공하는 편익은 25만 9,000달러(약 2억

7,643만 원)로 추산됐다. 미세먼지를 줄이기 위해서 도시숲을 획기적으로 늘리는 방법을 고민할 필요가 있다는 뜻이다. 이 밖에 홍수 방지 1,100만 달러, 난방 및 냉방 에너지 저감 50만 달러, 이산화탄소 저감 800만 달러 등의 가치가 있는 것으로 계산되었다.

미세먼지를 줄이는 효과가 있다니

우리나라 산림과학원도 도시숲이 미세먼지 저감에 효과가 있다는 연구 결과를 내놓았다. 국립산림과학원이 2017년 4~5월 서울 홍릉숲과 도심 지역의 미세먼지 농도를 비교한 결과, 도시숲의 미세먼지 농도는 도심에 비해 25.6%, 초미세먼지 농도는 40.9%가량 낮다고 발표했다. 산림과학원의 연구 결과에 따르면 도시숲의 미세먼지 저감 효과는 오전 11시부터 오후 4시까지가 가장 활성화되는 것으로 나타났다. 도심의 초미세먼지가 '나쁨' 농도를 보인 시간에도 도시숲은 '보통' 수준의 초미세먼지 농도를 보인 것으로 나타났다.

그러나 우리나라의 주요 도시에서는 이처럼 중요한 기능을 하는 도시숲의 면적이 세계보건기구(WHO) 권장 기준인 1인당 9㎡에 턱없이 못 미치는 수준이다. 전국 평균은 다행히 권장 기준을 넘어선 9.91㎡지만 서울의 1인당 생활권내 도시숲 면적은 5.32㎡에 불과하고, 인천과 경기 역시 각각 7.56㎡, 6.62㎡에 머물고 있다.

게다가 2020년 7월에는 '도시공원 일몰제'가 시행될 예정이어서 도시숲이 더욱 줄어들 위기에 처한 상태다. 도시공원 일몰제란 도시 내에 공원을 만들기 위한 부지가 일정 기한 내에 공원으로 조성되지 않을 경우 다른 용도로 개발을 허용하는 조치다. 2020년 7월에 도시공원 부지에서 해제되는 면적은 약 367.77㎢로 서울 남산 면적 2.9㎢의 127배 넓이에 달한다. 남산 127개에 달하는 도시숲이 개발될 위기에 처하게 되는 셈이다.

세계적인 대도시인 독일 베를린, 영국 런던, 미국 뉴욕 등의 1인당 생활권 도시숲 면적은 각각 27.9㎡, 27.0㎡, 23.0㎡에 달한다. 이들 도시는 이미 WHO 기준의 2~3배에 이르는 도시숲 면적을 확보하고 있는데도 꾸준히 도시숲 면적을 늘려가고 있다.

도시숲의 중요성을 인식한 서울시는 2018년 3월, 도심 생활권 곳곳에 도시숲을 촘촘히 만들어 미세먼지를 줄이고 삶의 질을 향상시키겠다는 계획을 발표했다. 작게는 학교, 아파트, 민간건물의 옥상 정원 조성 사업부터 시작해서 자투리 공간을 활용한 소규모 공원과 소형 숲을 만들어 녹지를 확대할 방침이다. 중장기 목표는 도시숲과 외곽 산림을 연결해 바람길을 확보하는 것이다. 깨끗한 공기를 도심으로 유입시켜 열섬 현상을 없애겠다는 계획을 세운 상태다. 또한 녹지와 도심 지역의 온도차를 이용해 미세먼지를 해결하겠다는 계획도 있다. 도시 곳곳에 녹

산림청이 조성한 경상남도 진주시의 초전공원 도시숲.

지를 조성해 바깥 지역과의 온도차를 만들어 그로 인해 형성된 바람을 타고 미세먼지가 바깥으로 빠져나가도록 유도하는 것이다. 고기압에서 저기압 방향으로 부는 바람의 속성을 이용한다는 설명이다.

이미 회색 건물로 가득한 서울을 당장 초록 도시로 만드는 것은 쉽지 않겠지만 정부와 지자체, 연구기관들이 장기적인 안목을 갖고 도시숲 조성에 나선다면 10년 후, 20년 후 서울의 모습은 지금과는 사뭇 달라져 있을 것이다. 미국과 이탈리아 연구진이 기대한 것처럼 서울을 포함한 대도시에서 도시숲이 20% 이상 늘어나게 되는 날을 기대해 본다.

5

어떤 노력을 해야 할까요?

기후변화에 맞서
무엇을 해야 할까?

기후변화에 적응하라

이 책을 시작하며 언급했던 영국의 환경 단체 '멸종 저항'처럼 우리도 우리만의 멸종 저항 운동을 할 수는 없을까?

우리가 할 수 있는 일은 크게 세 가지로 나뉜다. 첫 번째는 '대응'인데, 기후변화의 주원인인 온실가스를 감축하는 것이다. 두 번째는 '적응'이다. 기후변화가 일어나고 있는 세상에 맞춰 생활 방식을 바꾸는 것이다. 마지막으로는 '지구공학'이 있다. 기후변화에 맞서 지구 기후를 인간의 힘으로 조정하는 것인데, 아직 인류의 능력으로는 기후를 마음대로 바꾸는 것이 불가능한 데다 윤리적인 측면에서도 반대하는 의견이 많다.

기후변화에 맞서는 세 가지 방법 중 첫 번째와 세 번째는 쉽게 이해할 수 있지만 두 번째인 '적응'은 쉽게 이해하기 힘든 내용이다. 잘못 생각하면 기후변화로 인한 상황을 받아들이고, 포기하라는 의미로 해석될 수도 있다. 그러나 기후변화에 적응한다는 것은 순응이나 포기와는 완전히 다른 이야기다. '온실가스 저감'이라는 기후변화에 대한 근본적 대응 방법이 효과를 거두는 데에는 비교적 긴 시간이 걸리는 만큼, 그 사이 인류가 어쩔 수 없이 겪을 가능성이 높은 피해를 최소화하기 위한 대책이라고 생각하면 이해하기 쉽다.

다른 나라는 어떻게 하고 있을까?

2015년 7월, 필자가 영국 런던에 방문했을 때, 유럽에는 기후변화로 인한 이상고온 현상인 열파가 한창 기승을 부리고 있었다. 런던의 경우

열파(Heat wave) 최근 유럽에서 여름마다 문제가 되고 있는 현상으로, 우리나라의 이상고온 현상처럼 여름철 고온 상태가 상당 기간 지속되는 것을 말한다. 여름철 유럽의 평균 기온은 나라마다 차이가 있지만 25도 안팎인 경우가 많은데, 열파 현상이 발생하면 최고 기온이 40도를 훌쩍 넘기기도 한다.

낮 최고 기온이 33도를 넘어섰는데, 여름에도 20~25도 정도의 기후에서 오랜 기간 살아온 영국인들에게는 적응하기 어려운 가혹한 환경이었다. 이로 인한 피해를 막기 위해 런던의 지하철 역사 안에는 '당신의 몸을 시원하게 유지하세요'라는 문구가 새겨진 포스터가 곳곳에 붙어 있었다.

역사 밖에선 런던교통공사가 승객들에게 공짜로 생수를 나눠 주는 이색적인 풍경도 연출됐다. 수년간 한여름인 7~8월마다 런던교통공사가 생수 업체와 제휴해 실시하고 있는 'STAY COOL(시원하게 유지하라)' 캠페인의 모습이었다. 물 한 병이 2,000~3,000원에 달하고, 식당에서도 물을 따로 사 먹어야 하는 런던에서 공짜로 생수를 받아드는 사람들의 표정은 무척이나 밝아 보였다.

스스로의 체온과 건강을 유지하기 위해 적절한 수분을 섭취해야 한다는 것은 너무도 당연하지만, 여름철 폭염을 겪어 본 일이 드문 유럽에서 이 이야기는 삶과 죽음을 가르는 일이 될 수도 있다. 이상고온이 덮친 여름에 냉방시설이 거의 없다시피 한 런던 지하철에서 수분을 섭취하는 것은 열사병에 취약한 고령층에게 특히 절박한 생존의 지혜일지도 몰랐다.

실제 여름철 이상고온에 대한 대비가 부족했던 2003년 유럽에서는 여름 기온이 40도를 오르내리면서 무려 7만여 명이 숨지는 사태가 발생했다. 당시 폭염으로 인한 사망자의 상당수는 75세 이상 고령자였다. 프

최악의 열파 현상이 발생했던 2019년 여름, 프랑스 파리 시민들이 더위를 식히고 있다.

랑스의 경우 여름철에는 많은 이들이 장기간 휴가를 떠나는데, 휴가를 갈 여유가 없는 저소득층과 고령층이 큰 피해를 입었다. 영국 런던에 본부를 둔 비정부기구 영파운데이션(Young Foundation)의 〈열파〉 보고서에 따르면 폭염의 최대 피해자는 "노동 인구가 휴가를 떠나고 사람이 없는 곳처럼 변한 마을에서 휴가를 갈 경제적 수단이 없는 이들, 특히 갈 곳이나 의지할 곳이 없는 노인들"이었다. 프랑스 같은 선진국에서도 기후변화 적응이 쉽지 않다 보니 고령층의 피해가 컸던 것이다.

고령층이 더 위험해요

가까운 일본에서도 해마다 급증하는 열사병으로 인해 고령층의 피해가 커지고 있다. 매년 8월이면 일본 전역에서 열사병에 걸린 사람이 매주 1만 명을 넘어선다. 그중에서 20~30명가량은 목숨을 잃고 있다. 예를 들어 일본 내에서도 여름 기온이 높은 것으로 유명한 효고 현 도요오카 시에서는 2011년 이전 40여 명 수준이던 열사병 환자가 2012년 이후에는 60~70명으로 증가한 것으로 집계됐다.

상황이 이렇다 보니 일본 정부는 물론 NHK 등 일본 방송과 신문에서는 시민들로부터 "지겹다"는 반응이 나올 정도로 수분을 섭취할 것과 에어컨을 사용해 체온을 낮출 것을 강조하고 있다. 그러나 일본의 노인들 중에는 정부나 언론의 경고를 무시하는 이들이 많다는 점도 문제다. 특히 절약이 몸에 밴 시골 노인들은 에어컨이나 선풍기가 있어도 잘 사용하지 않다가 변을 당하는 경우도 많다. 이는 우리나라의 어르신들이 여름철에도 전기세가 아깝다며 에어컨을 틀지 않는 모습과 크게 다르지 않은 모습이다. 에어컨을 가동하다 전기세 폭탄을 맞았다는 이야기에 지레 겁을 먹은 어르신들이 애써 더위를 참다가 건강이 상하는 일이 생기지 않도록 할 필요가 있다. 여름철 전기료를 내기도 힘든 빈곤층 독거노인들의 에너지 복지도 우리 사회가 해결해야 할 문제다. 기후변화 적응은 환경적으로 풀어가야 할 문제인 동시에 사회 전체의 복지 체계를 통해서도 해결해야 하는 과제인 셈이다.

세계에서 노령 인구가 가장 많은 일본보다 더 빠르게 고령화가 진행되고 있는 우리 사회는 이들 나라의 대응을 주목하고, 더 나은 대책을 마련해야 한다. 하지만 우리나라의 고령층에 대한 기후변화 적응책은 여름철 마을이나 아파트 단지 경로당에서 에어컨을 가동해 더위쉼터를 마련하자는 등의 초보적인 수준에 그치고 있다.

우리는 호모 클리마투스

'기후변화에 적응하는 인간' 을 뜻하는 새로운 조어로 호모 클리마투스(Homo-Climatus)라는 말이 있다. 세계적 관심사가 된 이상기후에 맞서 인류가 의식주에 변화를 일으키고 있음을 나타낸 말이다. 이 말을 처음 쓴 프랑스의 고고인류학자 파스칼 피크는 "역사상 인간은 늘 태풍과 빙하기, 폭염과 가뭄을 극복해 왔다"며 이런 생존과정을 거쳐 온 인류를 호모 클리마투스라고 지칭했다.

인류로 인한 기후변화가 현재 우리의 미래를 위협하고 있지만, 사실 인류의 역사 자체는 기후에 적응하기 위한 투쟁의 역사라고도 할 수 있다. 스스로 눈부신 문명을 이뤘다고 생각하는 현재의 인류가 기후변화로 위협받고 있는 것은 물론, 과거 다수의 문명이 기후가 달라짐에 따라

우리나라 청소년들이 기후변화의 심각성을 알리는 시위를 하고 있다.

사라져갔다. 아프리카에 처음 나타난 인류의 조상이나 약 1만 1,000년 전 빙하기가 끝나고 간빙기가 오면서 농경을 시작할 수 있었던 신석기 시대까지 거슬러 올라가지 않더라도 기후변화가 인류의 운명에 끼친 영향은 역사 속 여기저기에서 확인할 수 있다.

예를 들어 4세기 로마제국의 멸망으로 이어진 게르만족의 대이동은 가뭄으로 삶터를 잃은 훈족의 이동 때문이라는 설이 있다. 기후변화가 유럽의 역사를 바꿔 놓았다고도 할 수 있는 것이다. 미케네문명이나 마야문명 역시 가뭄의 영향으로 멸망했다고 보는 역사가들이 많다. 기후가 역사를 바꾼 것은 과거의 일만이 아니다. 2011년 중동 국가 곳곳에서 일어난 민주화 시위 역시 기후변화로 인한 식량 위기가 주요한 원인으로 작용했다.

기후변화는 우리나라에서도 예외 없이 빠르게 일어나고 있다. 이에 따라 산업적으로 이를 이용하는 이들도 늘어나고 있는 상태다. 학교에서 배웠던 특산물 분포는 완전히 새로 고쳐야 할 지경이다. 제주도에서만 자라던 감귤류는 최근 수년 사이 전남이나 경남은 물론 충북과 경북, 경기 남부지역에서까지 재배할 수 있게 되었다. 농촌진흥청에 따르면 1960년대 대구 이남에서만 기르던 사과는 지금 경기 포천에서도 자라고 있다. 녹차의 경우 전남 보성에서 재배되던 것이 강원 고성으로, 무화과는 전남 영암에서 충북 충주까지, 복숭아는 경북 청도에서 경기 파주까지 재배지가 북상한 상태다.

어류 변화도 빠르게 진행되고 있다. 전갱이나 멸치, 다랑어를 잡을 수 있는 지역이나 계절은 늘어나는 반면 한류성 어류인 명태를 잡기는 점점 더 어려워지고 있다. 국립수산과학원에 따르면 한반도 해역의 표면 수온이 1968년부터 2010년 사이 1.29도나 오른 탓이다. 이는 같은 기간 사이 0.5도가량 오른 세계 바다의 수온 상승 속도를 2배 넘게 웃도는 수치다.

이처럼 기후변화라는 거대한 흐름에 적응하기 위해서는 우선 여름철에 수분을 충분하게 섭취하는 것부터 시작할 필요가 있다. 또 사회적으로는 노약자들이 무리하지 않고 시원하고 편하게 쉴 공간을 만들어주는 것이 필요하다. 근본적인 대응책을 실행하는 동시에 호모 클리마투스가 되도록 노력해야 할 것이다.

미세먼지는 어떻게 대비해야 할까?

미세먼지도 대응이 중요하다

기후변화에 적응하기 위한 방법 중 일부는 이미 각 나라의 국가적 정책으로 도입된 것이 많고, 또 알게 모르게 생활에 배어 있다. 그러나 미세먼지를 포함한 대기 오염에 대한 적응 대책은 아직 요원한 상태다.

당연한 이야기지만 사람은 미세먼지에 노출되지 않을수록 좋다. 고농도의 미세먼지는 물론이고 낮은 농도의 미세먼지 역시 피하는 것이 좋다. 하지만 아무리 공기가 청정한 지역에 가더라도 미세먼지를 아예 피할 수는 없다. 미세먼지 농도가 우리나라의 절반 또는 3분의 1에 불

환경부가 만든 고농도 미세먼지 대응요령.

과한 유럽 국가들에 가더라도 미세먼지를 아예 피할 수는 없다. 적게 노출될 뿐이다.

미세먼지에 대비해 개인이 할 수 있는 일은 환경부가 만들어 놓은 고농도 미세먼지 대응요령 포스터에 잘 나와 있다. 외부활동을 줄이고, 손과 얼굴을 깨끗이 씻는 것은 쉽게 할 수 있으면서도 미세먼지로 인한 피해를 가장 쉽게 줄일 수 있는 방법이기도 하다.

미세먼지 속에서 운동을 한다면?

그렇다면 미세먼지 농도가 높은 날 걷기 운동을 하는 것은 건강에 좋을까? 많은 이들이 선호하는 걷기 운동은 대체로 건강에 좋은 운동이지만 전문가들은 대기가 오염된 도심에서 걷기 운동을 하면 오히려 해로울 수 있다고 경고한다. 그럼에도 대기 오염이 심한 날 야외 운동을 하는 사람들의 모습을 보는 것이 그리 어렵지만은 않다. 아직 시민들에게 대기 오염에 적응하는 방법이 널리 홍보되지 않은 탓일 것이다.

영국 임페리얼칼리지런던과 미국 듀크대학교 연구진은 대기 오염과 걷기 운동의 상관관계를 규명하는 실험을 실시했다. 연구진은 실험에 참여한 사람들에게 런던 시내의 혼잡 지역인 옥스퍼드스트리트와 도심 속 공원인 하이드파크에서 낮에 매일 2시간 동안 걷도록 한 뒤, 걷기 전

후의 폐활량, 혈압, 혈류량과 동맥이 경직될수록 높아지는 맥파 전달 속도, 파형 증가 지수 등을 측정했다. 아울러 기침이나 가래, 재채기 등의 증상이 있는지도 함께 체크했다. 실험에는 건강한 사람 40명과 만성폐쇄성폐질환 환자 40명, 허혈성 심장질환 환자 39명 등 총 119명이 참여했고, 모두 만 60세 이상이자 최근 12개월간 담배를 피운 적이 없는 이들이었다.

실험 결과, 대기질이 비교적 좋은 하이드파크에서 2시간을 걸은 참가자와 대기 오염이 심한 옥스퍼드스트리트에서 걸은 참가자 사이에 확연한 차이가 발생했다. 하이드파크에서 산책한 참가자들의 폐활량은 유의미한 수준으로 개선됐으며, 개선 효과가 24시간 넘게 지속되는 사례도 많았다. 반면 옥스퍼드스트리트에서 산책한 건강한 사람의 경우 폐활량이 잠시 증가했지만 곧 제자리로 떨어졌고 동맥 경직도가 7% 높아졌다. 또한 옥스퍼드스트리트에서 산책한 사람은 맥파 전달 속도가 3~7% 높아졌으나 하이드파크에서 산책한 사람은 5~7% 낮아졌고 이런 부정적·긍정적 효과는 지속적으로 나타났다.

결론적으로 건강한 사람이든, 만성 질환을 가진 사람이든 오염이 심한 장소에서는 걷는 시간을 최소화하는 것이 바람직하다. 연구진은 "오염이 심한 곳에서 걸으면 심혈관과 호흡기에 미치는 운동의 긍정적 영향이 상쇄되거나 심지어 역전되기 때문"이라 설명하며 "노인이나 만성질환자 등은 가능하다면 교통량이 많은 도로에서 멀리 떨어진 공원이나 녹지 공간에서 걷기 운동을 하는 것이 바람직하다"고 발표했다. 또한 걷기 이외에 별다른 운동을 하기 어려운 이들이 많은 만큼 대기질을 높이는 것은 시민 건강 향상을 위해 매우 중요하다고 지적했다. 연구진에 따르면 매년 전 세계에서 550만 명이 대기 오염으로 인해 사망하며, 영국에서만 매년 약 4만 명, 런던에서만 매년 약 1만 명이 오염된 공기로 인해 조기에 사망한다. 연구진은 마지막으로 "경유차를 줄이고, 전기차로 대체하는 등의 대책이 필요하다"고 지적했다.

환기가 더 중요해요

미세먼지를 저감하는 가장 좋은 방법이 환기라는 점도 아직 덜 알려져 있다. 전문가들은 미세먼지 농도가 높은 날조차도 창문을 열어 환기를 해줄 것을 권한다. 바깥의 공기질이 안 좋다는 이유로 창문을 걸어 잠그고 환기를 하지 않을 경우 실내에 이산화탄소와 각종 오염 물질이 축적되어 좋지 않은 영향을 미친다는 것이다.

실내 공기질을 악화시키는 주범 중 하나가 바로 요리이다. 요리를 할 때야말로 적절한 환기가 필요하다. 환경부는 2016년 고등어구이 등 음식을 조리할 때 미세먼지 농도가 크게 올라간다고 발표했다. 이 발표의 요지는 조리 후 환기를 잘해야 한다는 것이었지만, 엉뚱하게도 미세먼

상태	보통	나쁨		매우 나쁨			
지수	B	C		D		E	
그룹	민감군	일반인	민감군	일반인	민감군	일반인	민감군
미세먼지 (PM10)	실외활동시 특별히 행동에 제약을 받을 필요는 없지만 몸상태에 따라 유의하여 활동	장시간 또는 무리한 실외활동 제한, 특히 눈이 아픈 증상이 있거나, 기침이나 목의 통증으로 불편한 사람은 실외활동을 피해야 함	장시간 또는 무리한 실외활동 제한, 특히 천식을 앓고 있는 사람이 실외에 있는 경우 흡입기를 더 자주 사용할 필요가 있음	장시간 또는 무리한 실외활동 제한, 목의 통증과 기침 등의 증상이 있는 사람은 실외활동을 피해야 함	가급적 실내활동, 실외활동시 의사와 상의	실외에서의 모든 신체활동 금지	심장질환 혹은 폐질환이 있는 사람, 노인, 어린이는 실내에 있어야 하며 활동 정도를 약하게 유지
초미세먼지 (PM2.5)	실외활동시 특별히 행동에 제약을 받을 필요는 없지만 몸상태에 따라 유의하여 활동	장시간 또는 무리한 실외활동 제한, 특히 눈이 아픈 증상이 있거나, 기침이나 목의 통증으로 불편한 사람은 실외활동을 피해야 함	장시간 또는 무리한 실외활동 제한, 특히 천식을 앓고 있는 사람이 실외에 있는 경우 흡입기를 더 자주 사용할 필요가 있음	장시간 또는 무리한 실외활동 제한, 목의 통증과 기침 등의 증상이 있는 사람은 실외활동을 피해야 함	가급적 실내활동, 실외활동시 의사와 상의	실외에서의 모든 신체활동 금지	심장질환 혹은 폐질환이 있는 사람, 노인, 어린이는 실내에 있어야 하며 활동 정도를 약하게 유지

한국환경공단이 만든 통합대기환경지수 행동요령 중 미세먼지 부분.

지의 주범이 고등어라고 발표했다는 이야기가 전해지면서 비판 여론이 끓어오른 적이 있다. 정부가 전달하고자 한 메시지는 일종의 미세먼지 적응 대책이었지만 불필요한 해프닝이 만들어진 탓에 정작 중요한 메시지는 국민들에게 제대로 전달되지 못했다.

특히 미세먼지 주의보나 경보가 발령된 날은 환경부가 만들어 놓은 행동요령을 잘 살펴보고 그대로 행동하는 것이 좋다. 예를 들어 미세먼지 농도가 매우 나쁨을 기록한 날은 건강한 사람들도 장시간 또는 무리한 실외활동을 제한하고, 목의 통증과 기침 등의 증상이 있는 사람은 실외활동을 피해야 한다는 등의 내용이 그것이다.

오존 경보도 주의 깊게 살펴봐요

미세먼지에 비해 잘 알려져 있지 않지만 여름철 오존 농도 상승 역시 건강에 악영향을 미칠 수 있으므로 온도가 높은 날은 오존 경보와 주의보가 발령되는지 주의 깊게 살펴볼 필요가 있다. 우리나라의 여름철 오존 농도는 매년 높아지고 있으며, 경보 혹은 주의보가 발령되는 빈도도 매년 증가하는 상황이다. 2011년에는 오존 경보가 55회 발령되었지만 2016년에는 241회, 2017년에는 276회, 2018년에는 무려 489회로 급증했다.

오존은 3개의 산소 원자로 이뤄진 물질로, 성층권에서는 자외선을 차단해 지구상의 생물을 보호하지만 지상에서 오존에 노출되면 눈과 호흡기에 염증이 생길 수 있고, 시력 저하나 호흡기 질환, 면역력 감소, 신경계통 이상 등도 일어날 수 있다. 오존은 주로 경유차와 화학공정, 석유정제, 도로포장 등으로 인해 발생하며 특히 경유차가 다량으로 배출하는 질소산화물과 휘발성유기화합물은 도심 내 오존 발생의 주요 요인으로 꼽힌다. 이들 물질이 햇빛과 만나면 광화학반응을 일으켜 오존이 만들어지기 때문이다.

오존 노출을 피하려면 오존 농도가 높은 날은 가급적 외출을 하지 말고, 실내에 머무는 것이 바람직하다. 특히 눈이 아픈 증상이 있는 사람은 실외활동을 피해야 한다.

정부도 대책을 마련하고 있어요

2019년 9월말 대통령 직속 '미세먼지 문제해결을 위한 국가기후환경회의'는 겨울철 미세먼지 농도가 높아지면 최대 27기의 석탄화력발전소 가동을 중단하고, 도시에서 차량 2부제를 전면 실시하며 노후 경유차 운행을 금지하는 등의 미세먼지 대책을 발표했다. 대기 오염에 대한 불안감이 점점 커지는 상황에서 나온 진일보한 정책들이었고, 앞으로도 국내의 미세먼지 저감 노력은 점점 더 활성화될 것으로 예상된다. 하지만 정부, 기업, 시민들이 아무리 노력을 기울여도 대기 오염이 단시간에 개선되기는 어렵다. 미세먼지를 포함한 오염물질의 농도는 10년, 20년이라는 긴 시간 동안 점진적으로 낮아질 가능성이 높다. 이런 상황에서 개인들은 우선 스스로를 지키기 위한 행동 요령들을 실천해야 한다. 고농도 미세먼지 적응 요령부터 평소 자주 환기를 하는 것까지, 미세먼지를 피하기 위한 방법을 익혀 둘 필요가 있다. 미세먼지에 대한 노출을 최소한으로 줄이려는 노력이 바로 미세먼지 적응 방법의 핵심일 것이다.

탄소세와
우리나라 정책들

저탄소차협력금제도는 시행될 수 있을까?

만약 1억 명의 목숨을 구할 수 있다면? 이런 일을 실행하는 데 반대하는 이는 드물 것이다. 그런데 이렇게 많은 사람의 생명을 구할 수 있음에도 적지 않은 이들이 반대하는 일이 있다. 심지어 행동에 나서더라도 소극적이거나 말로만 참여하는 이들이 많다. 인류 전체, 또는 자기 나라의 환경과 국민들의 건강을 위한 일이지만 이해관계자들이 목소리를 높여 반대하는 사례도 종종 보인다. 모두 기후변화에 대응하기 위해 온실가스를 감축하는 과정에서 벌어지는 일들이다.

우리나라 정부가 2014년 저탄소차협력금제도를 사실상 포기한 것이 바로 이러한 일의 대표적인 사례라고 할 수 있다. 저탄소차협력금제도란 이산화탄소를 많이 배출하는 대형차를 구입할 때 일정한 부담금을 부과하고, 이산화탄소를 상대적으로 적게 배출하는 소형차와 전기차 등 친환경차에 대해서는 보조금을 지급하는 제도다. 정부는 2012년 자동차산업계와 여야 정치권, 시민사회와의 오랜 협의를 거쳐 이 제도를 법제화했다. 준비기간이 더 필요하다는 산업계의 요구에 따라 시행 시기를 2015년 1월로 연기하기도 했다. 그러나 정부는 2014년 9월 들어 돌연 이 제도의 시행을 2020년까지 6년이나 유보시켰다. 사회적 합의를 통해 사회 전체에 이익이 되는 새 제도를 만들어 놓고도 특정 이익집단의 압력과 로비로 인해 제도 시행을 먼 미래로 늦춘 것이다. 이는 우리나라 환경사에 길이 남을 흑역사이기도 하다.

만약 이 제도가 예정대로 2015년 1월부터 시행되었다면 우리나라 사회에는 어떤 변화가 일어났을까? 우선 대형차보다는 소형차와 전기차를 사려는 이들이 많아졌을 것이고, 이는 중대형차만 선호하던 우리나라 사람들의 성향 자체를 바꿔 놓을 계기가 될 수도 있었을 것이다. 단순히 탄소배출량을 줄이는 것을 넘어서 우리 사회 구성원들의 자동차에 대한 인식 자체를 변화시킬 수도 있던 기회였던 것이다. 소형차와 전기차는 중대형차에 비해 오염 물질 배출량도 적은 만큼 미세먼지 농도 개선에도 일정 부분 기여했을 수 있다.

2019년 9월 국제 기후 파업 주간을 맞아 서울에서도 기후 위기를 알리는 집회가 열렸다.

게다가 정부는 당시 국제 사회에 약속한 온실가스 배출량 감축 목표치도 백지화시켰다. 당초 정부는 2020년까지 온실가스 배출량 전망치 대비 30%를 줄이겠다고 국제 사회에 공언했으나, 이 약속을 휴지조각처럼 파기해버린 것이다. 이후 새로운 감축 목표를 세우긴 했지만 이 역시 '기후악당'이라는 오명을 벗어나기는 어려운 수준이었다.

실제 우리나라의 온실가스 배출량은 1990년 이후 연평균 3.3%가량 꾸준히 증가해 왔다. 게다가 연간 목표한 배출량보다 점점 더 많은 양의 온실가스를 배출하고 있다. 2010년에는 목표 배출량보다 2.3%를 초과했는데, 초과 배출 비율이 2012년에는 4.5%, 2014년에는 4.9%로 증가했다. 그러다가 2016년에는 11.5%로 급증했고 2017년에는 15.4%에 달한 것으로 나타났다. 이 수치만 보면 우리나라 정부는 사실상 온실가스 배출량을 감축할 의지가 전혀 없는 것으로 보인다. 2016년의 경우 목표로 삼은 배출량이 6억 2,120만 톤이었지만 실제 배출량은 6억 9,260만 톤에 달했고, 2017년의 경우 목표는 6억 1,430만 톤으로 줄이는 것이었지만 실제로는 7억 910만 톤으로 증가한 수치를 보였다.

대기 오염으로 목숨을 잃는다면

물론 우리나라만 기후변화와 대기 오염 문제에서 반대 방향으로 역주행하고 있는 것은 아니다. 온실가스를 세계에서 두 번째로 많이 배출하는 미국의 경우 2019년 11월 들어 아예 파리기후변화협약의 공식 탈퇴를 선언했다. 사실 미국은 환경 문제에 있어 중요한 변곡점마다 자국이익을 강조하며 온실가스 감축이라는 대의를 따르지 않는 모습을 계속해서 보여 왔다. 버락 오바마 대통령 재임 시절이었던 2015년 파리 기후변화협약 당사국총회 때 온실가스 감축에 적극적으로 나서기로 했던 것이 오히려 매우 이례적인 일이었다. 호주 같은 경우 전 세계에서 가장 먼저 탄소배출량에 따라 기업에 세금을 매기는 탄소세 제도를 도입했으나, 보수당의 강한 반발로 이 제도를 다시 폐기하기도 했다. 기후위기라는 단어까지 나올 정도로 기후변화가 인류의 존망을 위협한다는 위기감이 폭넓은 공감대를 이루고 있는 상황에서도 많은 나라들은 자국의 이익만을 생각하는 이기적 행태를 보이고 있는 것이 사실이다.

그런데 최근 과학자들이 내놓고 있는 연구 결과들은 우리나라나 미국 등 세계 각국이 자신들의 이익만을 따지고 있을 상황이 아니라는 것을 보여준다. 미국 듀크대학교 등 공동연구진은 2018년 3월 발표한 논문을 통해, 온실가스와 미세먼지 및 오존 등 대기 오염 물질로 인해 이번 세기 동안 1억 5,300만 명의 조기사망자가 발생할 것으로 추산했다. 연구진은 세계 154곳의 대도시를 대상으로 기후변화 저감 정책에 따라 오존과 미세먼지 등 저감 효과를 시뮬레이션해 이 같은 결과를 얻었다. 심지어 이 수치에는 대기 오염으로 인한 사망자 수치만 추산되었을 뿐, 기후변화로 인해 발생하는 태풍이나 홍수 등 재해의 영향은 포함되지도 않았다.

이는 거꾸로 말하면 기후변화에 적극적으로 대응할 경우 1억 5,300만 명 중 상당수의 목숨을 구할 수 있다는 이야기가 된다. 특히 온실가

기후위기 기존 기후변화(climate change)라는 용어가 현재 지구의 상태를 제대로 표현하지 못하는 중립적 용어라는 의미에서 대두된 단어. 영국 일간신문 〈가디언〉은 2019년 기후변화라는 용어가 수동적이라며 이 용어 대신 기후 위기(crisis)나 붕괴(breakdown)라는 용어를 사용하겠다고 밝혔다. 현재의 상황이 기후위기보다 더 심각하다고 생각하는 이들 중에는 기후재앙(climate catastrophe)이라는 표현을 쓰는 이들도 있다.

스와 대기 오염 저감 노력을 기울일 경우 대기 오염이 심각한 아시아와 아프리카 지역에서 많은 수의 조기사망자를 줄일 수 있을 것으로 보인다. 연구진의 설명에 따르면 세계에서도 대기 오염이 심각한 나라로 손꼽히는 인도의 콜카타, 델리 등의 도시에서 대기 오염을 적극적으로 줄인다면 이번 세기 동안 400만 명가량의 조기사망자를 줄일 수 있는 것으로 나타났다. 또한 러시아의 모스크바, 멕시코의 멕시코시티, 미국의 로스앤젤레스와 뉴욕 등의 도시에서도 대기 오염 저감 노력을 통해 12만~32만 명의 조기사망자를 줄일 수 있다는 결과가 나왔다. 심지어 아시아와 아프리카만 해도 100만 명가량의 조기사망자를 줄일 수 있는 도시가 13곳, 10만 명가량의 조기사망자를 줄일 수 있는 도시가 80곳으로 추산되었다. 아쉽게도 연구진이 우리나라 도시를 조사하지는 않았지만, 주변국인 중국 베이징과 일본 도쿄에서 각각 36만 명의 조기사망자를 줄일 수 있다는 것으로 미루어 보면 우리나라의 상황을 가늠할 수 있다. 즉 온실가스와 대기 오염 저감에 힘쓸 경우 우리나라에서도 비슷한 수의 조기사망자를 줄일 수 있으리라 짐작된다.

연구진은 각 나라 정부가 1억 5,300만 명의 목숨값을 지나치게 가볍게 보고 있다며 보다 적극적인 정책을 펼칠 것을 촉구했다. 인류가 지금 바로 행동에 나서지 않을 경우 이처럼 많은 이들이 억울하게 빨리 생을 마감할 수도 있다는 것이다. 게다가 희생자의 상당수는 노약자와 어린 이들이 될 가능성이 높다. 실제 다른 연구 결과들에서도 기후변화로 인해 이미 피해를 입고 있거나, 앞으로 피해를 볼 이들은 대체로 어린이와 노약자, 빈곤층 등으로 나타났다. 취약 계층과 사회적 약자들이 기후변화로 인한 피해에도 쉽게 노출될 위험이 큰 것이다.

경제적으로도 큰 손실

유엔기상기구, 세계보건기구, 세계은행, 런던대학교, 칭화대학교 등 세계 26개 대학교 및 기관들은 폭염과 자연재해, 질병, 대기 오염 등 40가지 지표를 토대로 지난 25년간 기후변화가 인간의 신체와 정신에 미친 영향들을 분석해 2017년 <랜싯 카운트다운> 보고서를 발표했다. 이에 따르면 이번 세기 기후변화에 따른 재해는 46% 급증했고, 2016년에만 1,290억 달러의 경제적 손실이 발생했다. 기후변화가 초래한 참상을 적나라하게 보여 주는 이 보고서에 따르면 기후변화에 대한 책임은 부자 나라들이 크지만 그로 인한 피해는 빈곤국이 더 크고, 연령별로는 고령자와 12세 미만 어린이들이 큰 영향을 받고 있는 것으로 나타났다.

2000~2016년 사이 전 세계에서 폭염으로 고통 받은 사람은 1986~2008년의 평균치와 비교해 연간 1억 2,500만 명가량 늘어났다. 폭염은 많은 이들의 건강을 위협하는 기상현상이기 때문에 인류의 미래를 비관적으로 보게 만드는 요소로 꼽힌다. 보고서는 현재 청소년들이 중년

의 나이가 되어 활발한 사회활동을 벌이고 있을 2050년이면 전 세계에서 폭염으로 고통 받는 인구가 10억 명까지 늘어날 것으로 전망했다. 또 기후변화로 빙하가 녹고 해수면이 상승하면서 앞으로 약 90년 내에 전 세계 인구 중 10억 명 이상이 다른 곳으로 이주해야 할 수 있다고 경고했다.

〈랜싯 카운트다운〉이 이미 벌어진 참상을 집계한 것이라면 세계은행이 2015년 발표한 〈충격파〉 보고서는 가까운 미래에 벌어질 비극을 담고 있다. 세계은행은 이 보고서를 통해 기후변화의 영향으로 인해 농작물 수확이 줄어들고, 자연재해, 질병 등이 확산될 경우 2030년까지 전 세계 빈곤층 인구가 1억 명 이상 늘어날 전망이라고 밝혔다. 불과 10~11년 후 무려 1억 명가량이 기후변화로 인해 생존을 위협받게 될 수도 있다는 이야기다.

세계은행은 농작물 수확량의 감소로 인해 사하라 이남 아프리카 지역의 평균 식품 가격이 2030년까지 12% 이상 폭등할 것으로 예상했다. 사하라 이남 나라들은 아프리카 내에서도 빈곤층이 많은 나라들로 꼽힌다. 이들 나라에서 식품 가격이 12% 오른다는 것은 엥겔 계수, 즉 생계비 중 음식비가 차지하는 비율이 60% 이상인 빈곤층에게는 생사가 달린 문제일 수 있다. 기후변화로 인해 기온이 상승하는 것 역시 빈곤층의 건강에 큰 위협이 된다. 지구 평균 온도가 2~3도 상승할 때마다 말라리아 발병률이 5%가량 높아지기 때문이다. 이로 인해 2030년까지 말라리아 감염자가 약 1억 5,000만 명에 달할 것으로 예상된다. 의료 인프라가 부족하다 보니 예방주사는 물론 제대로 된 치료를 받기도 어려운 나라들에서 말라리아 감염은 곧 사형 선고나 다름없는 경우가 많다. 기후변화는 한 가지 측면이 아닌 식량 가격 폭등, 질병 감염, 재해 등 다양한 수단으로 인류를 위협하고 있는 것이다.

이런 연구 결과만 보면 인류의 미래가 암울하게 느껴지고, '멸종 저항'이 과연 가능할지 의문이 들 수도 있다. 하지만 거꾸로 생각하면 이런 연구 결과들은 인류가 기후변화 속도를 늦추고, 온실가스 배출량을 저감해 나갈 때 인류에게 새로운 길이 열릴 수도 있음을 보여 준다. 상황이 만만치는 않지만 인류가 어떤 노력을 기울이냐에 따라 21세기 중반 이후의 지구는 인류가 살아가기 어려운 환경으로 바뀔 수도 있고, 여전히 인류가 살아가기 적합한 환경으로 유지될 수도 있을 것이다. 그리고 이렇게 많은 과학자와 환경단체가 탄광 속의 카나리아처럼 알려주는 연구 결과는 인류를 살리는 경고음이 될 수 있다. 영화 <인터스텔라>의 대사처럼 인류는 답을 찾아낼 것이다. 이제 남은 것은 온실가스를 줄이고 환경을 보존하는 실천뿐이다.

이야기를 마치며

기후변화의 최전선 몽골의 속사정

사막으로 변하는 나라

기후변화로 인해 가장 큰 피해를 입고 있는 나라는 어디일까? 흔히 해수면 상승으로 인해 국토 대부분이 바다에 잠길 위기에 놓인 태평양과 인도양의 작은 섬나라들을 떠올리는 이들이 많을 것이다. 또 툭하면 찾아오는 슈퍼태풍으로 인해 수천 명, 수만 명 단위의 사망자와 수십만 명의 이재민이 발생하는 동남아시아의 저개발국들을 떠올리는 이들도 많을 것이다. 물론 이 나라들 역시 기후변화의 직격탄을 맞은 나라들이지만 한국과 그리 멀지 않은 동북아시아 국가 중에도 이들 나라 못지않

울란촐로트의 쓰레기장 풍경.

게 큰 피해를 입고 있는 나라가 있다. 바로 국민의 30% 가까이가 환경난민으로 전락한 몽골이다. 우리에겐 대초원과 사막의 나라로 알려져 있는 몽골은 왜 기후변화의 최대 피해국으로 꼽히게 된 걸까?

2018년 11월, 필자는 몽골 수도 울란바토르 인근 울란촐로트의 쓰레기 적치장에서 몽골의 민낯을 생생하게 볼 수 있었다. 사방이 온갖 쓰레기로 뒤덮인 곳에 쓰레기를 가득 담은 트럭이 들어오자 삼삼오오 흩어져 모닥불을 쬐던 몽골인들이 몰려들었다. 돈이 될 만한 물건들을 골라내기 위해서였다. 11월의 몽골은 한국의 한겨울만큼이나 추운, 영하 10도 미만의 기온이었는데 쓰레기를 줍고 있는 몽골인들은 추위를 막을 만한 방한용품도 제대로 걸치지 못한 이들이 많았다. 초원을 누비며 여유롭게 살던 유목민들이라고는 상상하기 어려운 모습이었다.

칭기즈칸의 후예들이 이처럼 쓰레기나 뒤지는 신세로 전락한 것은 그들 자신이나 몽골 정부의 책임이 아니다. 바로 우리나라나 중국, 일본 같은 동아시아의 잘 사는 나라들, 그리고 전 세계의 선진국들이 만들어 낸 기후변화 때문이었다.

건조한 몽골 초원에서 겨울에 내리는 눈은 봄철이 되면 녹아서 땅을 적셔 주고 소나 말, 양, 염소 등의 먹이가 되는 풀을 자라게 한다. 그러나 기후변화로 인해 눈이 점점 적어지고 호수가 말라붙으면서 가축이 전 재산이나 다름없는 유목민들은 재앙에 맞닥뜨렸다. 땅이 말라붙고 가축들이 굶주리게 되면서 유목민들이 대거 극빈층으로 전락하게 된 것이다. 울란촐로트의 쓰레기장에서 만난 한 몽골인은 "도시에 나왔지만 일자리를 구하기 힘든 것은 마찬가지여서 쓰레기장에 나오는 것 말고는 생계를 이어갈 방법이 없다"고 털어놨다. 극심한 기후변화로 인해 많은 유목민이 환경 난민으로 전락한 것이다.

필자는 겨울철에 두 차례 몽골을 방문했는데, 어디에서나 눈이 오지 않는다고 걱정하는 이들을 만날 수 있었다. 전문가나 유목민 할 것 없이 겨울 기온이 지나치게 따뜻하다는 걱정과 함께 건조한 땅을 덮어 주던 눈이 사라진 것을 우려하는 이들이 많았다.

황사가 시작되는 곳

몽골에 눈이 내리지 않게 된 것은 사실 우리나라의 황사 현상과도 깊은 관련이 있다. 기상청에서 황사 예보를 할 때 원인으로 자주 등장하는 것이 바로 황사 발원지에 눈으로 덮인 면적이 감소했다는 이야기인데, 여기서 황사의 발원지가 바로 몽골과 중국 북부의 사막 지역이다. 몽골의 사막이나 사막화되고 있는 초원지대에서 일어나는 모래먼지는 높이가 수백m에 달하는 규모로, 기상 조건이 맞아떨어질 경우 하늘 높이 올라가 우리나라까지 날아오는 황사가 되곤 한다. 즉 몽골의 눈은 모래먼지가 일어나지 않도록 땅을 덮어 황사 발생을 차단하는, 고마운 존재였던 것이다. 이는 최근 우리나라가 겨울과 봄마다 되풀이해서 겪고 있는 미세먼지 재앙과도 연결된다. 몽골의 기후변화가 우리나라의 황사 피해를 늘리고 있음을 감안하면 몽골의 사막화는 강 건너 불구경하듯 볼 수만은 없는 문제다.

특히 2008년 몽골 전역을 덮친 조드는 수많은 환경난민을 만들어 낸 직접적 원인이 되었다. '조드'란 몽골어로 '재앙'이라는 뜻인데, 보통 기상이변으로 가축들이 떼죽음을 당하는 것을 말한다. 조드는 가뭄으로 가축들이 물을 먹지 못해 죽게 되는 차강조드(검은 조드)와 눈이 지나치게 많이 와서 가축들이 떼죽음을 당하는 하르조드(하얀 조드) 등으로 나뉜다. 점차 발생 빈도가 늘어가고 있는 조드 중에서도 2008년 몽골을 덮친 하얀 조드는 사상 최대 규모로 기록돼 있다. 특히 이전의 조드는 국지적으로만 발생했지만 이때의 조드는 몽골 대부분 지역을 덮쳤다. 이는 가축을 잃은, 즉 전 재산을 잃은 몽골인들과 그 주변 사람들에게 조드가 곧 기후변화로 인한 환경재앙이라는 점을 실감하게 했다.

몽골 정부와 현지에서 활동하는 우리나라 NGO인 푸른아시아에 따르면 가축을 모두 잃고 빈민이 된 유목민들이 이때부터 본격적으로 고향을 떠나 도시, 특히 수도 울란바토르로 몰려들기 시작했다. 이들은 울란바토르 외곽의 낮은 산지에 게르(몽골의 전통 천막)촌을 형성하기 시작했는데, 몽골 정부는 최근 30년 사이 유목민 60만 명이 울란바토르에 도시 빈민으로 유입된 것으로 보고 있다.

2017년 현재 몽골 전체 인구 310만 명의 45% 정도인 140만 명가량이 울란바토르에 살고 있다. 당초 울란바토르는 50만 명이 거주할 수 있는 계획도시로 만들어졌지만, 용량을 크게 초과한 것이다. 게다가 140만 명은 주민등록상의 인구만 집계한 것일 뿐, 주소를 옮기지 않고 울란바토르에 사는 이들도 약 10만 명에 달하는 것으로 추정된다. 사실상 인구의 절반이 울란바토르에 몰려 살고 있는 셈이다. 이들 중 상당수가 게르촌에 거주하는 극빈층으로 추정된다. 몽골 정부는 2017년 현재 게르촌에 약 22만 가구가 살고 있는 것으로 추정하고 있다.

함께 책임져요

울란바토르 외곽의 환경 난민들은 울란바토르의 대기 오염을 악화시키는 주요 원인이기도 하다. 사회주의 시절부터 울란바토르에는 중앙 난방 시스템이 설치되어 있지만 이러한 혜택을 받지 못한 게르촌 사람들이 원탄(탄광에서 채광한 그대로의 석탄)이나 나무 등을 연료로 사용하면서 대기 오염이 더욱 심각해지는 상황이다. 몽골 환경관광부에 따르면 울란바토르에서 연간 590만 톤의 원탄이 사용된다고 한다. 게다가 원탄은 그나마 형편이 나은 이들이 사용하는 연료이고, 더 어려운 가정에서는 각종 쓰레기나 타이어를 태우는 경우도 많다. 타이어가 다른 연료에 비해 오래 타고, 화력도 좋아 영하 20~30도를 오르내리는 혹독한 몽골의 추위를 견디는 데 도움이 된다지만 좁은 천막이나 판잣집 안에서 타이어를 태우는 것은 건강에 해로울 수밖에 없는 위험한 일이다.

몽골 정부에 따르면 울란바토르의 대기 오염 원인 중 가정의 난방과 취사를 위한 연료 연소에서 나오는 오염 물질이 약 80% 비중을 차지한다. 차량에서 나오는 오염 물질(10%), 화력발전소에서 나오는 오염 물질(6%) 등 다른 오염원의 비중은 다소 미미한 편이다. 실제 울란바토르가 극심한 대기 오염을 겪는 시기는 몽골의 겨울인 11월에서 4월 사이다. 난방이 필요한 겨울에 대기 오염이 심해졌다가, 기온이 올라가는 5월에서 10월 사이, 즉 봄부터 가을까지의 기간에는 오염 물질 농도가 낮아

울란바토르 도시 위로 매연이 띠를 이룬 듯 가득하다.

지는 것이다. 울란바토르가 얕은 산들에 둘러싸인 분지인 것도 대기 오염을 점점 더 심각하게 만드는 요인이다. 실제 필자는 겨울철 울란바토르에 도착할 때마다 매캐한 공기에 놀라곤 했다. 특히 2018년 11월 방문했을 당시 공항에서 도심으로 가던 중 외곽의 산지에서 바라본 울란바토르는 매연이 거대한 띠를 이뤄 도시를 뒤덮은 모습이 육안으로 뚜렷하게 보일 정도였다. 숙소로 들어가서도 매캐한 냄새가 가시지 않았다. 아직 초겨울이었음에도 울란바토르의 미세먼지 농도는 상시적으로 100~200㎍/㎥을 기록했고, 걸핏하면 300~400㎍/㎥ 정도까지 상승했다. 우리나라에서 이런 정도 수치가 나왔다면 최악이라는 이야기가 나올 텐데, 몽골에서는 이 정도 수치가 매년 겨울마다 일상적으로 나타나고 있는 것이었다.

이처럼 몽골인들은 선진국들의 책임이 큰 기후변화로 환경난민이 된 데다, 그로 인해 점점 더 대기 오염이 심각해지는 이중고를 겪고 있다. 몽골은 특히 이산화탄소를 적게 배출하지만 기후변화에 큰 영향을 받은 나라로 꼽힌다. 대체로 고도가 높은 지역일수록 온실가스로 인한 기후변화 정도가 심한데, 몽골은 대부분 지역이 해발 1,000~1,500m 이상이다. 이로 인해 이산화탄소 농도 증가로 인한 기온 상승폭이 세계에서 가장 높은 나라로 꼽힌다. 2018년 몽골 기상청 통계에 따르면 몽골의 평균 기온은 1940년대에 비해 약 2.7도 상승했다. 파리 기후변화협약에서 금세기 말까지 지구 전체 평균 기온을 산업혁명 이전 대비 1.5도로 제한하자는 목표를 세웠다는 점에 비춰 보면 몽골의 기후변화 속도가 얼마나 빠른지 알 수 있다.

빠른 기온 상승은 몽골 전 국토의 사막화 또는 토지 황폐화를 불러일으키고 있다. 몽골 사막화방지연구소에 따르면 몽골 전 국토의 64.7%에서 사막화가 진행되고 있고, 12.2%에서는 토지 황폐화가 일어나고 있다. 국토의 약 5분의 4가 사막 또는 황무지로 변하고 있는 것이다. 게다가 몽골 전체 국토의 9% 정도였던 삼림은 2018년에는 7.85%로 급감했다. 언뜻 보기에는 1.15% 줄어든 것으로 보기 쉽지만 전체 국토 내에서의 비율이 아닌 삼림 자체만의 비율로만 따지면 10% 이상 줄어든 것이다. 이렇게 급감하고 있는 삼림 지역은 몽골의 곡창지대가 있는 곳과도 일치한다. 즉 이들 지역의 삼림이 유실되는 것은 몽골 전체의 식량 문제로 연결될 수도 있다. 사막화는 또 앞서 설명했던 대로 모래먼지 발생 가능성을 높여 우리나라의 황사 피해에도 연결될 수 있다.

지구의 기온이 지난 40년간 0.7도 상승하는 사이 몽골의 기온은 1.92도 올라갔다. 기온이 빠르게 높아지면서 모래폭풍이 늘어나 사막화가 급속도로 진행됐으며, 호수와 강은 말라붙었다. 이 기간 몽골에서는 1,200개 이상의 호수가 사라졌다. 900여 개의 강도 말라 버렸다. 이미 사막이 되었거나 사막화하고 있는 땅은 몽골 땅의 46%에서 78%로 늘어났다. 초지는 20~30%가량 급감했고, 식물 종의 4분의 3이 멸종했다. 이대로 방치하면 몽골 국토의 90%가 사막화할 것이라는 전망도 나온다. 러시아와 국경을 접하고 있는 몽골 북부의 비옥한 곡창지대를 제외하면 몽골 전체가 사막이 될 수도 있는 셈이다. 몽골 사람과 가축들의 삶을 송두리째 바꿔 놓은 것은 지구온난화가 불러온 약 2도의 기온 상승이다.

우리는 무엇을 할 수 있을까?

몽골에 대한 우리나라 사람들의 관심이 높아지고, 직항편을 운항하는 항공사들이 늘어나면서 앞으로 점점 더 많은 한국인들이 몽골을 방문하게 될 것으로 보인다. 대초원과 사막, 밤하늘의 은하수를 보며 감탄하고, 대자연에 경의를 표하는 이들도 많아질 것이다. 하지만 기후변화로 인한 몽골의 속사정을 아는 사람들이라면 편한 마음으로 이 나라를 방문하기는 어려울 것이다. 기후변화에 대한 책임은 적으면서도 큰 피해를 보고 있는 저개발국들에게 미안한 마음에서라도 우리나라를 포함한 선진국들은 기후변화 대응에 있어 좀 더 책임 있는 자세를 보여야 할 것이다.

용어 설명 찾아보기

이미지 저작권 및 자료 출처

019쪽 CC BY-ND nanny_1004

023쪽 환경부, 서울시 자료

028쪽 CC BY 大杨

030쪽 CC BY-SA Kentaro IEMOTO

032쪽 한국환경정책 · 평가연구원, 〈최근 미세먼지 농도 현황에 대한 다각적 분석〉

035쪽 CC0

040쪽 〈Ambient PM2.5 Reduces Global and Regional Life Expectancy〉, Environ. Sci. Technol. Lett. 2018, 5, 546-551.

044쪽 CC BY-ND 바다사장

050쪽 CC BY Peter Dowley

053쪽 earth.nullschool.net

056쪽 Photo by NASA

059쪽 CC0

065쪽 Photo by NASA

067쪽 © Tom Vierus/세계자연기금

071쪽 Photo courtesy of professor Andreas Muenchow, University of Delaware

075쪽 CC BY-SA Andreas Weith

077쪽 세계자연기금 제공

079쪽 © A Gruzdev/Siberian Times

083쪽 CC BY NPS Climate Change Response

086쪽 Photo by NASA

093쪽 국립해양생물자원관 제공

094쪽 국립해양생물자원관 제공

097쪽 국립해양생물자원관 제공

098쪽 CC0

103쪽 그린피스 제공

106쪽 Getty images / 게티이미지코리아

109쪽 경향신문 자료

113쪽 CC BY Chris Jordan

118쪽 CCTV 제공

120쪽 〈네이처지오사이언스〉, 〈텔레그래프〉 자료

128쪽 CC BY-SA k6ka

136쪽 © Adam K Thompson, Zoo Atlanta

138쪽 막스플랑크진화인류학연구소 제공

140쪽 © International Animal Rescue

143쪽 CC BY Anthony Quintano

147쪽 산림청 제공

153쪽 CC0

156쪽 CC BY 환경재단

159쪽 환경부 제공

163쪽 한국환경공단 자료

169쪽 © 김기범

177쪽 © 김기범

182쪽 © 김기범